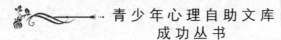

青少年心理自助文库
成功丛书

细 节

勿以善小而不为

孙丁丁/著

把每一件简单的事情做好就是不简单，
把每一件平凡的事做好就是不平凡。
——海尔集团总裁 张瑞敏

中国出版集团 现代出版社

图书在版编目（CIP）数据

细节:勿以善小而不为 / 孙丁丁著. —北京：现代出版社，2013.12
(2021.3 重印)

（青少年心理自助文库）

ISBN 978-7-5143-1947-7

Ⅰ. ①细… Ⅱ. ①孙… Ⅲ. ①散文集－中国－当代
Ⅳ. ①I267

中国版本图书馆 CIP 数据核字（2013）第 313638 号

作　　者	孙丁丁
责任编辑	刘　刚
出版发行	现代出版社
通讯地址	北京市安定门外安华里 504 号
邮政编码	100011
电　　话	010 – 64267325 64245264（传真）
网　　址	www.1980xd.com
电子邮箱	xiandai@ cnpitc.com.cn
印　　刷	河北飞鸿印刷有限责任公司
开　　本	710mm×1000mm　1/16
印　　张	12
版　　次	2013 年 12 月第 1 版　2021 年 3 月第 3 次印刷
书　　号	ISBN 978-7-5143-1947-7
定　　价	39.80 元

P 前 言
PREFACE

　　为什么当今时代一部分青少年拥有幸福的生活却依然感觉不幸福、不快乐？又怎样才能彻底摆脱日复一日的身心疲惫？怎样才能活得更真实、更快乐？越是在喧嚣和困惑的环境中无所适从，我们越是觉得快乐和宁静是何等的难能可贵。其实，正所谓"心安处即自由乡"，善于调节内心是一种拯救自我的能力。当我们能够对自我有清醒认识、对他人能宽容友善、对生活无限热爱的时候，一个拥有强大的心灵力量的你将会更加自信而乐观地面对一切。

　　青少年是国家的未来和希望。对于青少年的心理健康教育，直接关系着下一代能否健康成长，能否承担起建设和谐社会的重任。作为家庭、学校和社会，不能仅仅重视文化专业知识的教育，还要注重培养孩子们健康的心态和良好的心理素质，从改进教育方法上来真正关心、爱护和尊重他们。如何正确引导青少年走向健康的心理状态，是家庭、学校和社会的共同责任。因为心理自助能够帮助青少年解决心理问题、获得自我成长，最重要之处在于它能够激发青少年自我探索的精神取向。自我探索是对自身的心理状态、思维方式、情绪反应和性格能力等方面的深入觉察。很多科学研究发现，这种觉察和了解本身对于心理问题就具有治疗的作用。此外，通过自我探索，青少年能够看到自己的问题所在，明确在哪些方面需要改善，从而"对症下药"。

　　每个人赤条条来到世间，又赤条条回归"上苍"，都要经历其生老病死和喜怒哀乐的自然规律。然而，善于策划人生的人就成名了、成才了、成功了、

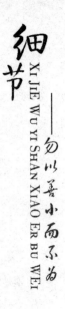

富有了，一生过得轰轰烈烈、滋滋润润。不能策划的人就生活得悄无声息、平平淡淡，有些甚至贫穷不堪。甚至是同名同姓、同一个时间出生的人，也仍然不可能有一样的生活道路、一样的前程和运势。

人们过去总是把它归结为命运的安排，生活中现在也有不少人仍然还是这样认为，是上帝的造就。其实，只要认真想一想，再好的命运如果没有个人的主观努力，天上不会掉馅饼，地上也不会长钞票；再坏的命运，只要经过个人不断的努力拼搏，还是可以改变人生道路的。

古往今来，没有策划的人生不是完美的人生，没有策划的人只能是碌碌无为的庸人、畏畏缩缩的小人、浑浑噩噩的闲人。

在社会人群中，2∶8 规律始终存在，22% 的人掌握着 78% 的财富，而 78% 的人只有 22% 的财富，在这 22% 的成功人士中，几乎可以说都是经过策划才成名、成才、成功的。

策划的人生由于有目标有计划，因而在其人生的过程中是充实的、刺激的、完美的、幸福的。策划可以使人兴奋，策划可以使人激动，策划可以使人上进。

本丛书从心理问题的普遍性着手，分别描述了性格、情绪、压力、意志、人际交往、异常行为等方面容易出现的一些心理问题，并提出了具体实用的应对策略，以帮助青少年读者驱散心灵的阴霾，科学调适身心，实现心理自助。

本丛书是你化解烦恼的心灵修养课，可以给你增加快乐的心理自助术。本丛书会让你认识到：掌控心理，方能掌控世界；改变自己，才能改变一切。本丛书还将告诉你：只有实现积极心理自助，才能收获快乐人生。

C目 录
ONTENTS

第一篇

影响一生的细节

"天下大事,必作于细;天下难事,必成于易。"

西方流传的一首民谣,充分说明了细节的重要作用:"丢失一个钉子,坏了一只蹄铁;坏了一只蹄铁,折了一匹战马;折了一匹战马,伤了一位骑士;伤了一位骑士,输了一场战斗;输了一场战斗,亡了一个帝国。"马蹄铁上一个钉子是否会丢失,本是初始条件的十分微小的变化,但其"长期"效应却是一个帝国存与亡的根本差别。可见,任何事都要从细节做起,否则就谈不上卓越的成就,更谈不上辉煌的人生。

小事成就大事，细节成就完美

认知细节 细致入微

　　我们的生活由一个又一个细节组成，细节在我们的生活当中无处不在。但是，什么是细节呢？细节是通常所说的"琐碎的事情"吗？

　　按照《现代汉语词典》的解释，细节指"细小的环节或情节"。1999 年版的《辞海》中，关于"细节"有两个说法，其一是"琐碎的事情；无关紧要的行为。"它引用了一个例子，《后汉书·班超传》："为人有志，不修细节。"其二是"文艺作品中细腻地描绘人物性格、事件发现、场境和自然景物的最小组成单位。"《辞海》修订版没有就第二个义项列举例句，但我们知道，细节描写是作家是否具有功底的标尺。也就是说，细节描写是否成功，是衡量一个作家是否有功底、作品是否成功的要素。**作家李准就说过："搞小说创作，编故事容易，编细节难，因为细节只有深入生活才能发现，是编不出来的。没有许许多多真实的细节，你的作品就难以打动读者。"**

　　由以上可知，细节，指"细小的环节或情节"，而不是"琐碎的事情、无关紧要的行为"。以下就是一个与细节息息相关的故事。

　　欧洲战场上，国王查理三世准备拼死一战。里奇蒙德伯爵亨利带领的军队正迎面扑来，这场战斗将决定谁统治英国。战斗进行的当天早上，查理派了一个马夫去备好自己最喜欢的战马。"快点给它钉掌，"马夫对铁匠说，"国王希望骑着它打头阵。""你得等等，"铁匠回答，"我前几天给国王全军的马都钉了掌，现在我得打点儿铁片来。""我等不及了！"马夫不耐烦地叫道，"国王的敌人正在攻打进来，我们必须在战场上迎击敌兵，有什么你就用什么吧，将就着点。"铁匠埋头干活,从一根铁条上弄下 4 个马掌,把它们砸平、整形,固定在马蹄上,然后开始钉钉子。

钉了 3 个掌后,他发现没有钉子来钉第四个掌了。"我需要一两个钉子,"他说,"得需要点儿时间砸出两个。""我告诉过你我等不及了,"马夫急切地说,"我听见军号了,你能不能凑合着钉好马掌?""我能把马掌钉上,但是不能像其他几个那么结实。""能不能挂住?"马夫问。"应该能,"铁匠回答,"但我没把握。""好吧,就这样,"马夫叫道,"快点,要不然国王会怪罪到咱俩头上的。"两军交战,查理国王冲锋陷阵,鞭策士兵迎击敌人。"冲啊,冲啊!"国王喊着,率领部队冲向敌军。

远远地,他看见在战场的另一头,自己的几个士兵正在后退。如果别人看见他们这样,也会跟着后退的,所以查理策马扬鞭冲向那个缺口,召唤士兵调转马头继续战斗。他还没走到一半,一只马掌掉了,战马跌翻在地,查理也被掀翻在地上。国王还没有抓住缰绳,惊恐的马就跳起来逃走了。查理环顾四周,他的士兵们纷纷转身撤退,敌人的军队包围了上来。他在空中挥舞宝剑;"马!"他喊道,"一匹马,我的国家倾覆就因为这一匹马!"

他没有马骑了,他的军队已经分崩离析,士兵自顾不暇。不一会儿,敌军俘获了查理;战斗结束了。所有的损失都是因为少了一个马掌钉。

现实生活中的事件,有时候就如同多米诺骨牌,一点轻微的晃动就会导致整个系统的崩溃。或许只是一件产品不合格,就导致了工厂的倒闭。这绝对不是天方夜谭。因此,我们要关注每一个细节,才有可能保持最完美的状态。

从功能上说,细节是什么? 毫无疑问,最后一颗马掌钉的有或无,决定战争的胜利或失败,这是一个决定性的因素。

由于细节是对微小事物的仔细观察与把握,因而它成为人生旅途中的成功伴侣。

心细手底下才会细

运动场上,每个运动员都奋勇争先,不用细说都在场外流了大汗下了苦功夫。可无论你付出多少努力,赢了冠军才会显得汗水没有白流,要说重在参与也不会有错,可金牌在闪耀,诱惑着每一个参与者。

　　动物界顶尖食物链上的王者们,为了生存,都用出了自己最看家的本领,拼着命,来赢得最可口心仪的食物,以增强体魄。自然界,没办法,优胜劣汰,适者生存,就是这样残酷。

　　我们老百姓的日常生活,柴米油盐酱醋茶,琐琐碎碎,很随便,感觉不到有什么细节不细节,大体过得去就算可以了。可一旦遇到生死攸关的意外,细节就凸显它的重要,而且还是一种不可替代的素质。比如,歹徒挟持人质,关键时刻,狙击手的枪,就是人质的命,把握好了,无辜的人会万事大吉,该受惩罚的人得到应有的报应。在这关键的细节上,我们的人民战士,付出的辛苦绝不会像一般人想象的那样简单。只有付出了巨大的毅力,不辞辛苦,千锤百炼,才能百发百中。

　　各行各业的精英们,他们的优秀,绝对不是海水可以用斗来量的,无疑是付出了大量的心血换来的。喜欢看《非诚勿扰》的人们,都知道孟非语言幽默,反应机敏,表达确切,思想明朗进步。我想这可不是天生带来的,他的身后定有成千上万的书支撑着他。比如有一美丽女生问一男嘉宾,说,当你看到洪水过后的那片荒凉,你会有什么感觉? 同样面对这个问题,嘉宾回答的也很不错,大体就说,和老百姓一起渡过难关,与抗洪救灾的战士在一起奋战,感觉很有意义。而孟非是这样回答的,看到那样的场景,突然想到我们的祖先曾说的一句话,那就是多难兴邦。听见这4个字,大家深受感动和激励。我们国家虽然会经历多灾多难,可我们依然会走向复兴。这样的细节,一般的主持人怎么会想得到。婚配节目虽说有的办得很俗,而孟非主持的却有一种脱尘出新的感觉。看见很多观众由衷的笑容,就可以体会《非诚勿扰》的细节做得很到位。

　　当前我们深感不安全的食品添加剂,就是商家在操作的时候没有以人为本,只挣黑心钱,不管他人死活造成的。台湾的塑化剂,导致几乎全台湾的食品全军覆没。黑心商人为了钱,不管他人死活,用有毒的原料来代替正常的好食品。这样做,不仅伤害了老百姓,还伤害了整个台湾的食品出口业。

　　有一个女人,由于看似很能干,而且巧舌如簧,骗了好几个男人的钱,几乎上百万元。有一个人完全相信她的能力,是因为这女人的两部手机不停地忙碌着,而且还与这女人和什么局长在一起吃过饭,悄悄作了观察,确信无疑。所谓的“局长”的确也在局里上班,和里面的工作人员的确也经常打招呼。事情的真相是“局长”仅仅是什么局里的一名普通司机。所有的调查都没有具体到细节上,看到的仅仅是虚象,和事实无关。沉痛呀教训!

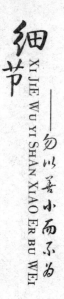

细节

XI JIE WU YI SHAN XIAO ER BU WEI

——勿以善小而不为

唐僧师徒四人西天取经,假若没有了孙猴子的火眼金睛,肯定会走不下去,惨死在半道上的。连妖魔鬼怪都分不清,别说唐僧肉好吃,不好吃也早被吃了成千上万遍了,什么经不经的,天上的烟云。幸运的是大徒弟的眼睛是什么也挡不住的,啥东西都看得清。二徒弟一路好玩,大家不曾寂寞。三徒弟实诚。再加上善良的师父。四个完美搭档完成了一部跌宕起伏的西游记。

细节就是成功时关键地方的制衡点,马虎大意是什么也做不好怨天尤人的罪魁祸首。你想成功就好好把握细节吧,它能给你带来光明的未来,实现你那美好的梦想。

好梦成真来源于你对细节的把握。

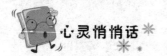 心灵悄悄话

> 一个整体通常是由一个部分甚至多个部分组合而成的,这些部分貌似细微,但只要缺少了其中的某个元素便有可能改变整体的性质。正如柏拉图所说:"如果没有小石头,大石头也不会稳稳当当地矗立着。"
>
> 在现实社会中,决定人生命运的注注是一些看似无关紧要的细节,其体现的恰恰是一个人的教养、人格和胸襟。

细节改变命运

"一树一菩提，一沙一世界"。生活的一切原本都是由细节构成的。如果一切归于有序，决定成败的必将是微若沙砾的细节。细节的竞争才是最高和最终的竞争层面。

辉煌成就源于细节

人生的道路曲曲折折，但成功的道路大方向是不变的。只有瞄准大方向，不时对具体的计划予以修正，才能真正到达成功的巅峰。

也许细节很细，但就是因为细，才容易被我们忽略，从而被其他所谓的"大目标"所迷惑。最终导致本末倒置，不能取得期望的成功。

许多人将自己不能成功的原因归结为自己运气不好。事实上，成功多半靠平时知识和修养的积累。

美国著名动作影星史泰龙高中辍学以后，一直有一个梦想就是当演员。可是他显然不具备当演员的条件，单看长相就很难让人有信心，而且又没有经过专业的培训，更没有值得称道的天赋。然而，一定要成功的信念给了史泰龙莫大的精神支持，他认为，只要不放弃，就一定能成功。

于是，他来到好莱坞，找导演，找明星，找制片人……

一切能让他当上演员的人都找遍了，可是没有人理会他。每一次他都很诚恳地说："给我一次机会吧！我要当演员。我一定能成功！"但换回来的却是冷漠的目光和讥笑。

但他并不气馁，他认为失败一定有自己的原因，于是一次又一次进行自我反省，自我检讨，努力学习。后来钱也花光了，史泰龙只好到好莱坞做一些笨重的体力活来维持生计。两年下来,他遭受了 100 多次的拒绝。

他曾伤心过,彷徨过,可是他心里更多的是不服气。于是他开始写剧本,希望能通过自己的剧本换回一个当演员的机会。一年以后,剧本写好了,他拿着剧本访遍了众多导演,结果很少有人赏识他的作品。即使有一两个感兴趣的,一听说他要当男主角,就纷纷摇头拒绝了。

可他仍然没有灰心,没有沮丧,而是不断地对自己说:"我能行,我一定会成功的!"后来一个拒绝了他 20 多次的导演对他说:"我不知道你能不能演好,但是你执著的精神让我感动。我可以给你一次机会,但是我要把你的剧本改成电视剧,先拍一集。你来当男主角,如果效果好,我们继续;如果效果不好,你从此就断绝了这个念头吧!"

为了这一激动人心的时刻,史泰龙已准备了整整 3 年!他全身心地投入了拍摄,这类用烂了的俗语,不提也罢!他终于成功了!这部电视剧第一集就创下了当时全美国的最高收视纪录。所有的美国人都知道了史泰龙的名字!

从一些成功人士的出色的人生经历,我们不难看出,他们的成功,是因为他们树立了一个十分明确的目标,并且这种目标又不仅仅局限于个人的荣辱得失。相反,他们能够把这种目标与对社会的责任感结合起来,从而获得一种超常的勇气和力量,使他们最终到达成功的彼岸。

在许多人的眼中,别人的成功只是一种偶然、一种运气,他们不可能看到人家平时所下的工夫。他们总在奢求那样的好运气也从天而降,落到自己头上。

"自立者,天助之"。这是一句很好的格言。上天从来不会帮助懒汉。没有平时的积累和总结,当机会来临的时候只能够一次又一次地与之错过。所以,在平时,我们要注重看似微不足道的小事,要注意积累。

积累,一件又一件小事地去积累,直到有一天,你会惊讶地发现,自己是一个多么了不起的人。比如雷锋,他并没有做什么惊天动地的大事,但他珍惜每一件小事,把每一件小事都当作一个新的出发点,当作一件大事来看待,倾注全部的热情和心血。谁又能怀疑他的伟大呢——伟大的,其实也是平凡的。

每一年积累,不如每季度积累;每季度积累,不如每个月积累;每个月积累,不如每一天积累。

成也细节　败也细节

　　生活的溪流往往是由一些琐屑的事情、无足轻重的事件以及那些过后不留一丝痕迹的细微经验的水珠渐渐汇集而成的,正是它们才构成了生命的全部内涵。

　　曹植是天才的文学家,却不是合格的政治家。他做事像个孩子,只管做,不想后果,只顾眼前洒脱就行了。

　　有一年,曹操带兵攻打东吴,留曹植守卫邺城,后来孙权投降,曹操得胜回邺城,一到家就有人状告曹植,称其"擅开司马门,且奔驰于驰道"。把曹操气坏了。原来"司马门"是魏宫正门,只有曹操本人车驾可以出入;而"驰道"是天子专用车道,极为雄伟,曹操比天子还"大牌",也建造了"驰道"。

　　曹操不在家,曹植得意忘形,玩疯了,其实,他哪儿有篡位的野心呢?但曹操可不这么想,"我还没死,就要取而代之?!"

　　曹植不只因为"擅开司马门,且奔驰于驰道"令曹操反感,还由于他对工作极为不认真,酗酒误事,令曹操气愤。有一次曹仁被关羽围攻,曹植奉命援救。本来这是好好表现的机会,但曹植却没有控制住自己,因酗酒误了大事。至此曹操完全对曹植失去了信心。

　　由此可见,要想成大事,不仅不能放任自己,疏忽细节,相反,越注意细节,越"拘小节",越容易成功。

　　有人认为,"行大事不拘小节",就是说作为一名有志者,应当干大业、成大事,而不应拘泥于细微琐碎的小节,"小节无伤大雅,何必小题大做"? 其实不然。任何事物都有一个从量变到质变的过程,小节问题同样具有潜移默化的作用,平时不拘小节,就有可能微恙成大疾、小问题演化成大问题。"千丈之堤,以蝼蚁之穴溃;百尺之室,以突隙之烟焚""不虑于微,始成大患;不防于小,终亏大德",说的都是这个道理。

　　宋朝有个叫吕元膺的人,一直在东都做郡守。有一次,他邀请一位掌管钱粮的下级弈棋。正巧这个时候,忽然有人来报,说有紧急事务需要处理。吕元膺没有办法,只好让那个钱粮官等他回来继续下完这盘棋。

当吕元膺抽身去处理紧急公务时,这位钱粮官趁机偷换了一颗棋子,最后在不利的情况下反败为胜,赢了这盘棋。吕元膺当时对此虽有察觉,但并未吭声。过了一段时间,吕元膺借故把这个钱粮官调离身边,并预言此人终将因贪污而获罪。

后来果然被言中!不久就传来消息,钱粮官因私匿公款,已被刺配三千里外了。

大事都是由一件件小事组成的,把这些小事认认真真地做好,不一定会取得惊人的结果,但如果对待小事马马虎虎,最终必然会殃及大事。

老子曾说:"天下难事,必作于易;天下大事,必作于细。"它精辟地指出了想成就一番事业,必须从简单的事情做起,从细微之处入手。

这个道理很好理解。就像财务人员填写支票或报表,你把每一项都认认真真地写好、填正确,并不是什么了不起的大事。但是如果你不小心,填错了一个数字,可能整张报表都要重填。如果填完没有核对,把这张错误的报表交给客户或其他机构,就可能会导致难以弥补的损失。

所以,认认真真做好小事是成就大事的必要条件。你这样做了,大事虽不一定成功——因为影响大事成功的还有很多因素,但是如果你没有这样做,则大事一定不成功。

在现在这个社会,"不拘小节"的人越来越不受人欢迎,更无法获得成就大事的机会。只有那些对自己负责、做事情一丝不苟的人,才会受到命运的嘉奖。

某学校招聘教师,要通过面试从几名应聘者中选出一位。几位应试者都做了精心的准备。上课铃响之后,应聘者分别微笑着走上讲台,师生互相致意之后,开始讲课。导入新课、讲授正文、总结概括、复习巩固……为了避免出现差错,每个人都按照这个标准的讲课流程进行各项工作。一位应试者为了避免满堂灌,也效法前几位应试者设计了几道课堂提问。但由于题目设计得不高明,学生的反应并不是很好。下课时,这名应试者觉得相比前几位,自己的表现并不理想,几乎没有成功的可能。

谁知,第二天,这位认为自己没有希望的试讲者,却出乎意料地接到了录用通知。惊喜之余，他问校长为什么选中了他。校长微笑着说："说实话，论那堂课的精彩程度，你的表现的确逊色于其他人。但是在课堂提问时，你表现出来的一个细节，却足以令其他人自惭形秽。因为你叫的是学生的名字，不是他们的学号，更不是用手指。如果一位老师不愿意了解自己的学生，不尊重自己的学生，那么他怎么可能把学生教育好呢？你是唯一一个喊出学生名字的人，所以你是唯一的入选者。"

很多人认为自己的能力很强，可就是等不到飞黄腾达的机会，于是便埋怨上天，埋怨别人。真是上天有意和他过不去，别人有意压制他吗？事实恰恰相反。其实，在别人看来，他不但没有卓越的才华，还常常把工作弄糟。不但待人没有礼貌，还经常自以为是。所以，你要想成大事，就必须注意细节。

一个穷人，会因为某种机遇而一夜之间成为腰缠万贯的富翁，但一个搬运工成为一个哲学家，一个凡人成为一个举世闻名的伟人，绝不是某个机遇的缘故。总之，一个人只有不断地追求，才有不断的进步；不断地行动，才会不断接近成功的目的地；不断地积累，才有不断的提高；不断地积小步，才有跨大步的力量。

德国人非常明白这个道理，所以德国人做事，不管事情多么微小都非常认真，从不马虎应付，每件事情都以做到最好的标准来要求自己。

坐过上海地铁的人，很容易感受到地铁一号线和二号线之间的差异。一号线站台宽阔，上下车非常方便。为了提醒乘客远离轨道，一号线把靠近站台50厘米内铺上金属装饰，又用黑色的大理石嵌了一条边，这样，当乘客走近站台边时，就会产生"警惕"意识，自觉远离危险区域。为了避免乘客不小心掉下站台，同时节省站台热量，一号线的设计者在每处都设计了相应的站台门，车来打开，车走关上，非常方便。

一号线的设计者在每个地铁出口处都设计了一个转弯，在室外出口设计了三级台阶，开始人们不理解这样设计的原因，这样做不是增加成本吗？直到缺少这些设施的二号线投入使用，人们才知道这样设计的必要。其实道理很简单，如果你家里开着空调，同时又开着门窗，你一定会心疼每月多支付的电费。在出口处增加一个转弯，可以大幅降低用电成本，节省开支。至于三级台阶的设计更体现出设计者的用心。上海地势较低，一到夏天，雨水经常会使一些建筑物受困。而在地铁口设计三级台阶，可以防止雨水倒灌，从而减轻地铁的防洪压力。

相比之下,二号地铁的设计者就显得过于粗枝大叶了。没有使用装饰线提示乘客危险,所以经常有乘客无意中靠近危险地带,地铁公司不得不安排专人提醒乘客注意安全;为了"节省成本",二号线省掉了站台门,结果投入使用后,经常发生乘客不小心掉下站台的安全事故,而且到了冬天,站台内气温非常低,不得不开空调提高温度;二号线的出口都设计成直的,所以用电量比一号线多出很多;室外的三级台阶二号线也省掉了,结果经常在雨天被淹,造成巨大的经济损失。正是因为二号线的设计者不注意小的细节,所以二号线的运营成本比一号线高出很多。

一号线的设计者是德国人,而二号线的设计者是中国人。为什么一号线与二号线有如此大的差距呢?是中国人不如德国人聪明吗?不是,中国人绝不缺乏聪明才智,真正缺乏的是"精细"的精神。

做大事不拘小节,固然是一种处事态度,但这往往也是一种很危险的做法。不拘小节有时会误大事的事例不胜枚举。

无论是在工作还是生活中,做事认真仔细,才能把事做得尽善尽美。不论做什么事情,要想取得好的结果,不仅要有聪明才智,更重要的是要有精细的精神,踏踏实实用心去做,这样才能把事情做好。如果做事情马马虎虎,在小事上放松自己,最终就是大事也无法做成。

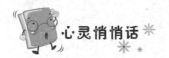 心灵悄悄话

　　"一心渴望伟大、追求伟大,伟大却了无踪影;甘于平淡,认真做好每个细节,伟大却不期而至。"成大业若烹小鲜,做大事必重细节。多读些名人传记,你就会惊奇地发现,他们之所以成为名人,其实没有什么特别的原因,只是比普通人多注重一些细节问题而已。

天下大事必做于细

成大事者拘小节。忽视小事,专做大事的人,他的成就往往不如做小事的人。相反,越注意细节,越"拘小节",越容易成功。

成就伟业谨拘小节

在许多平凡琐碎的生活中,往往都含着一些酵质,假使酵质膨胀了,就会使生活起剧烈的变化,从而影响一个人的一生,改变一个人的命运。所以有人说天才与凡人的最大区别往往体现在这些微不足道的小事上。

詹姆斯·瓦特一个人静静地坐在墙角,出神地望着从烟囱里冒出来的浓烟。对于这个小男孩来说,整个世界就是一个等待开发的能量宝库。这个世界蕴藏着多么巨大的能量啊!在蒸汽机作为主要动力的年代,如果没有了用蒸汽发动的动力,那么世界上所有靠蒸汽来发动的火车、轮船以及其他成千上万的机器,它们的轮子都会停止转动。每一个车轮、每一个转轴、每一个锭子,也都将停止转动。世界将变成死一般的沉寂。会有成千上万的人被迫加入失业大军的行列,成千上万的人会被逼得走投无路,还有成千上万的人得忍受饥饿,甚至受到死亡的威胁。

科学界的巨匠亥姆霍兹把自己一生的成就归功于他在因伤寒发作而得的高热症。当时,由于他生病不得不待在家里,足不出户。他就用很少的一点钱买了一架天文望远镜。而正是这架望远镜把他带入了科学的殿堂,并让他日后在这个领域里名声大噪。

大约半个世纪以前,一个行人停在苏格兰北部的一家乡村客栈过夜。在他停留期间,信使给老板娘带来了一封信。老板娘接过来,审视了一番,又原封不动地把信还给了信使，说她付不起信的邮费——当时大约得要两先令。听了这些话，行人坚持要替老板娘付邮费。当信使离开了以后，老板娘坦诚地对他说，其实信里根本没什么内容。她知道写信的是自己的弟弟。他住得离她比较远，他们姐弟俩约定好，在写信的时候他们只要在信封上做一些特殊的记号，他们就彼此明白对方过得是否很好。这件小事启发了这个行人，这个行人就是著名的国会议员罗兰德·希尔。

在看到这件事情后，他马上就意识到人们需要一种价格低廉的邮政方式。没过几个星期，他就向国会众议院提出了一项议案来降低邮费。正是由于这样一件小事，才有了后来费用低廉的邮政制度。

格兰特将军回忆说，有一次妈妈让他到邻居家去借点黄油。路上，他听人在念一封信说西点军校正在招生。于是，他就没去借黄油，而是直接去西点招生处申请去西点的名额。也正是这个机遇，使他有机会接受正规的军事教育，从而为他日后在国家的危机中大显身手奠定了基础。他经常说，就是他妈妈叫他去借黄油这件小事情才使得他成了将军，继而当上了总统。

一艘小船颠覆了，却使华盛顿因此而生在了美国；一个矿工在挖井的偶然事故中发现了赫库兰尼姆古城遗址；航海冒险中的一次大错竟然发现了马德拉群岛。

查尔斯·狄更斯在他的作品《一年到头》中写道："有人曾经被问到这样一个问题：'什么是天才？'他回答说：'**天才就是注意细节的人。**'"

有一个荷兰眼镜制造商的儿子，在同他的兄妹们玩耍时，偶然把两个镜片叠在了一起。他万分惊奇地发现远处教堂的尖顶一下子就跑到面前来了。他们兄妹几个轮流着看了几遍，都感到很惊讶，于是就跑到屋里去把他们的父亲请了出来，他们的父亲也是同样的不理解和万分的惊奇。同时，他觉得他似乎发现了一种可以为老年人的生活提供便利的工具，而且这一发现还可能给他带来巨大的利润。于是，他就去向伽利略请教，伽利略马上就意识到这一发现对于天文爱好者具有巨大价值。据此，伽利略制造出了一台粗糙的天文望远镜，就是利用这架天文望远镜，他在现代天文学上有了伟大的发现。

在伟大的雕塑家加诺瓦即将完成他的一项杰作时，有一个人在一旁观察。艺术家的一刻一凿看上去是那么的漫不经心，于是，他就以为艺术家只不过是在做样子给他看而已。但是，艺术家跟他说："这几下看似不起眼，好像没什么，但正是这一刻一凿才把拙劣的模仿者与大师真正的技艺区分开来。"

当加诺瓦即将开始他的一件伟大作品《拿破仑》时,他那锐利的目光发现那块备用的大理石纹理上隐隐约约能够看出来有一条红线,虽然这块大理石是费了千辛万苦才从帕罗斯岛运来的,而且花了很高的价格,但是他的凿子却再也没有动它一下。

关于因注意细节而成功的人的事例简直是多不胜举。你想成功吗?你想摘取成功的皇冠吗?那么就从注意细节开始吧!

成功偏爱有心人

成功青睐有心人,有时生活中很小的一件事,就能触动你发明创造的那根触角,就能改变你的命运。比如,一条简短的信息、发现某种产品的缺陷、注意到某种需求在不断增长等。即使身边一些别人熟视无睹的事物中,也孕育着许多的商机。

西村金助是一个制造沙漏的小厂商。沙漏是一种古董玩具,它在时钟未发明前用来测算每日的时辰。时钟问世后,沙漏已完成它的历史使命。而西村金助却把它作为一种古董来生产销售。

沙漏作为玩具,趣味性不多,孩子们自然不大喜欢它,因此销量很小。但西村金助找不到其他比较适合的工作,只能继续干他的老本行。沙漏的需求越来越少,西村金助最后只得停产。

一天,西村金助翻看一本讲赛马的书,书上说:"马匹在现代社会里失去了它运输的功能,但是又以高娱乐价值的面目出现。"在这不引人注目的两行字里,西村金助好像听到了上帝的声音,高兴得跳了起来。他想:"赛马骑手用的马匹比运货的马匹值钱。是啊! 我应该找出沙漏的新用途!"

就这样,从书中偶得的灵感,使西村金助的精神重新振奋起来,把心思又全都放到他的沙漏上。经过苦苦的思索,一个构思浮现在西村金助的脑海:做个限时 3 分钟的沙漏。在 3 分钟内,沙漏上的沙就会完全落到下面来,把它装在电话机旁,这样打长途电话时就不会超过 3 分钟,电话费就可以有效地控制了。

于是西村金助就开始动手制作。这个东西设计上非常简单,把沙漏的两端嵌上一个精致的小木板,再接上一条铜链,然后用螺丝钉钉在电话机旁就行了。不打电话时还可以作装饰品，看它点点滴滴落下来，虽是微不足道的小玩意，也能调剂一下现代人紧张的生活。

担心电话费支出大的人很多，西村金助的新沙漏可以有效地控制通话时间，售价又非常便宜，因此一上市，销路就很不错，平均每个月能售出3万个。这项创新使沙漏转瞬间成为生活有益的用品，销量成千倍地增加，濒临倒闭的小作坊很快变成一个大企业。西村金助也从一个小企业主摇身一变，成了腰缠亿贯的富豪。

西村金助成功了，可是如果他不是一个有心人，即便看了那本赛马的书，也逃不脱破产的厄运，还很可能成为身无分文的穷光蛋。西村金助的成功给人们一个启示：成功会格外偏爱那些有心人。

心灵悄悄话

> 千丈之堤，以蝼蚁之穴溃；百尺之室，以突隙之烟焚。现实社会中那些浮躁冲动的管理者们，为了追求更大的利益而盲目地、不合时宜地扩大企业规模，全然不知他们对于细节问题的忽略正在成为一座他们亲手为自己挖掘的坟墓。仅以中国企业界为例，曾经辉煌一时的三株、亚细亚、飞龙、巨人等知名企业都是因为忽略了细节，导致"蚁穴成堆"，才最终毁了自家"大堤"的。

奥秘全在细微处

在细节中成就自己

生活中很容易遇到许多难题,这些难题还都是必须解决的,而解决难题的突破口往往不是从全局入手,更多的时候,从细节入手更容易让难题迎刃而解。

比如说,你要打开一个密室的门,必须先找到那个有用的机关,而这个机关往往是最不易被察觉的。单从整体摸索很难找到突破口,只有细心的人才可以发现开启机关的通道。粗心大意、不重小节的人之所以不成功,是因为他们不注意自己身上存在的细小的致命性的缺点而造成的。

1930 年,我党的一位干部在广西右江领导革命工作。有一天傍晚,他出去执行临时任务,途中被敌人发现。有一个连的敌人在追击他,情况非常紧急。他在躲避敌人的时候一不小心还把腿摔伤了。在这千钧一发之际,我地下党一个外号叫"金刚锥"的交通员恰巧经过这里,发现受伤的同志,立即将他背起来,渡过附近的一条小河,钻进了离岸边不远的一个旧瓦窑里。瓦窑里不仅阴暗潮湿,蚊子还特别多,两人进去后虽然被许多蚊子叮咬,却还能坚持。可是他们又一想,如果敌人进来搜查,两个人肯定会被敌人逮住。就在这时,他们想出了一个迷惑敌人的好办法,令追赶的敌人来到窑洞口时,根本就没有进去搜查。

他们两人悄悄来到洞外,在附近找了许多善于结网的花背蜘蛛。他们把蜘蛛放在洞口,没过多长时间,蜘蛛就结了好几张大网。然后,两个人又挥动衣服向外驱赶蚊子。不一会儿,新结好的几张大网就粘上了不少蚊子。两人布置好一切之后,追赶的敌人搜查到了窑洞口。连长见窑洞里黑漆漆一片,便命一个排长进去瞧瞧,排长害怕,便指派班长,班长又去命令士兵,士兵无奈,只好胆战心惊地走向洞口。来到洞口以后,立即发现窑洞口结满了蜘蛛网。于是,他赶紧回来报告说:"洞口上的蜘蛛网都没破,不可能有人进到里面去。"连长听后觉得很有道理,便带着队伍到别处去搜查了。

想想,假如是你遇到了这样的难题,你能否很快想到这样的办法救自己的命?多数人只是知道蜘蛛可以织网,在关键时刻却不会想到蜘蛛网还会有这样的妙用。蜘蛛网虽小可作用很大,犹如细节虽小却影响很大一样。敌人根据蜘蛛网没破这样的细节断定洞里无人,失去了一次立功的机会,这恰恰是我方战士利用细节迷惑敌人的一个胜利。这个细节在我军战士的手中成了处理难题的一大利器。蜘蛛网也可以救人,听起来似乎有点玄,却在生活中真实地上演了一幕活剧。

生活中,许多小事都值得我们关注,因为这些细节性的小事情往往可以成就大事。

在鲁班之前,不知有多少人被长着锯齿的草叶割破过腿、胳膊,但是只有鲁班在被这种草割了胳膊之后,才依据草叶的锯齿形状发明了锯。

在牛顿之前,不知有多少人看见苹果从树上掉下来,但唯有牛顿看见苹果从树上掉下来,才发现了地球引力,进而发现了万有引力。

与其他人相比,鲁班、牛顿就是一个在细节中成就自己的人。

细化目标把握未来

在现实中,我们做事之所以会半途而废,往往不是因为难度较大,而是因为觉得成功离我们较远,确切地说,我们不是因为失败而放弃,而是因为倦怠而失败。

1984年,在东京国际马拉松邀请赛中,名不见经传的日本选手山田本一出人意料地夺得了世界冠军。当记者问他凭什么取得如此惊人的成绩时,他说了这么一句话:凭智慧战胜对手。

当时许多人都认为这个偶然跑到前面的矮个子选手是在故弄玄虚。马拉松赛是比拼体力和耐力的运动，只要身体素质好又有耐性就有望夺冠，爆发力和速度都还在其次，说是用智慧取胜确实有点勉强。

两年后，意大利国际马拉松邀请赛在意大利北部城市米兰举行，山田本一代表日本参加比赛。这一次，他又获得了世界冠军。记者又请他谈谈经验。

山田本一不善言谈，回答的仍是上次那句话：用智慧战胜对手。这回记者在报纸上没再挖苦他，但对他所谓的智慧迷惑不解。

10年后，这个谜终于被解开了。他在自传中是这么说的：每次比赛之前，我都要乘车把比赛的线路仔细地看一遍，并把沿途比较醒目的标志画下来，比如第一个标志是银行，第二个标志是一棵大树，第三个标志是一座红房子……这样一直画到赛程的终点。比赛开始后，我就以百米的速度奋力地向第一个目标冲去，等到达第一个目标后，我又以同样的速度向第二个目标冲去。40多公里的赛程，就被我分解成这么几个小目标轻松地跑完了。起初，我并不懂这样的道理，我把我的目标定在40多公里外终点线上的那面旗帜上，结果我跑到十几公里时就疲惫不堪了，我被前面那段遥远的路程给吓倒了。

目标的力量是巨大的。目标应该远大，才能激发你心中的力量，但是，如果目标距离我们太远，我们就会因为长时间没有实现目标而气馁，甚至会因此而变得自卑。山田本一为我们提供了一个实现远大目标的好方法，那就是在大目标下分出层次，分步实现大目标。

用目标优化人生进程。首先，心中拥有目标，给人生存以勇气，在艰难困苦之际赋予我们坚韧不拔的毅力。有了具体目标的人少有挫折感。因为比起伟大的目标来说，人生途中的波折就是微不足道的了。因此，拥有科学的目标可以优化人生进程。

其次，由于目标存在于脑海某处，所以即使我们从事别的工作，潜意识里依然暗自思量对策，也能在不知不觉之中接近目标，终于梦想成真。拥有目标的人成大功立大业的几率，无疑要比缺乏志向的人高。

最后，实现目标好像攀登阶梯一般，以循序渐进为宜，尽管前途险阻重重，也要自我勉励。当时认为不可能做到的事情，往往几年之后，出乎意料地轻易做到了。所谓"天助"，即当我们拟定目标努力实现之际，将会觉得好像凡事都顺遂己意；当我们奋发图强积极进取时，一切都将变得比较称心如意。

当然，行进的路上不可能完全一帆风顺，有时也得含辛茹苦。无论遭遇多少打击,都要永不气馁,坚持到底。一个怀抱鲜明目标的人从不叫苦,凡事总是默默耕耘。

虽说某种偶然确能开创个人命运,不过对于有目标取向的人而言,与其相信偶然,不如掌握必然。尽管"机会"公平眷顾世上每一个人,但缺乏目标的人只能是眼睁睁地看着它溜掉。

心中拥有目标,便会使自己不太留意与之不相关的烦恼,这会使你变得豁达、开朗。因为人的注意力是很有限的,一旦他(她)全身心地为自己的目标而努力、去冥思苦想时,其他的事情是很难在其脑子里停留的,这个道理极其浅显。

生命比盖房更需要蓝图,然而一般人从来没有计划过生命,每天只是醉生梦死地度过。

成功人士和平庸之辈的差别,就在于前者为生命做计划,决定一生的方向。

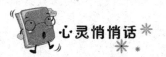
心灵悄悄话

泰山不拒细壤,故能成其高;江海不择细流,故能就其深。由于对细节问题的高度重视而长盛不衰的优秀企业也不在少数。如中国的联想、海尔,国外的肯德基、麦当劳、丰田、奔驰等。这些企业的精细化管理程度之高,在有些人看来几乎到了苛刻的地步。但是正是他们细致入微的管理和他们关注细节、把小事做细的精神,才给他们的企业带来了信誉和利益,才造就了他们今天的成功和地位。

做好小事就能成大事

工作中无小事，要想把每一件事情做到无懈可击，就必须从小事做起，付出你的热情和努力。士兵每天做的工作就是队列训练、战术操练、巡逻排查、擦拭枪械等小事；饭店服务员每天的工作就是对顾客微笑、回答顾客的提问、整理清扫房间、细心服务等小事；公司中你每天所做的事可能就是接听电话、整理文件、绘制图表之类的小事。但是，我们如果能很好地完成这些小事，没准儿将来你就可能是军队中的将领、饭店的总经理、公司的老总。反之，你如果对此感到乏味、厌倦不已，始终提不起精神，或者因此敷衍应付差事，勉强应对工作，将一切都推到"英雄无用武之地"的借口上，那么你现在的位置也会岌岌可危，在小事上都不能胜任，何谈在大事上"大显身手"呢。没有做好"小事"的态度和能力，做好"大事"只会成为"无本之木，无源之水"，根本成不了气候。可以这样说，平时的每一件"小事"其实就是一个房子的地基，如果没有这些材料，想象中美丽的房子，只会是"空中楼阁"，根本无法变为"实物"。在职场中每一件小事的积累，就是今后事业稳步上升的基础。

美国已逝的总统罗斯福曾说过：

成功的平凡人并非天才，他资质平平，却能把平平的资质，发展成为超乎平常的事业。

有一位老教授说起过他的经历：

"在我多年来的教学实践中，发觉有许多在校时资质平凡的学生，他们的成绩大多在中等或中等偏下，没有特殊的天分，有的只是安分守己的诚实性格。这些孩子走上社会参加工作，不爱出风头，默默地奉献。他们平凡无奇，毕业分手后，老师同学都不太记得他们的名字和长相。但毕业后几年、十几年中，他们却带着成功的事业回来看老师，而那些原本看来有美好前程的孩子，却一事无成。这是怎么回事？

"我常与同事一起琢磨，认为成功与在校成绩并没有什么必然的联系，但和踏实的性格密切相关。平凡的人比较务实,比较能自律,所以许多机会落在这种人身上。平凡的人如果加上勤能补拙的特质,成功之门必定会向他敞开。"

人们都想做大事,而不愿意或者不屑于做小事,中国人想做大事的人太多,而愿意把小事做好的人太少。事实上,随着经济的发展,专业化程度越来越高,社会分工越来越细,真正所谓的大事实在太少,比如,一台拖拉机,有五六千个零部件,要几十个工厂进行生产协作;一辆福特牌小汽车,有上万个零件,需上百家企业生产协作;一架波音747飞机,共有450万个零部件,涉及的企业单位更多。

因此,多数人所做的工作还只是一些具体的事、琐碎的事、单调的事,它们也许过于平淡,也许鸡毛蒜皮,但这就是工作,是生活,是成就大事不可缺少的基础。所以无论做人、做事,都要注重细节,从小事做起。一个不愿做小事的人,是不可能成功的。要想比别人更优秀,只有在每一件小事上比功夫。不会做小事的人,也做不出大事来。

日本狮王牙刷公司的员工加藤信三就是一个活生生的例子。

有一次,加藤为了赶去上班,刷牙时急急忙忙,没想到牙龈出血。他为此大为恼火,上班的路上仍是非常气愤。

回到公司,加藤为了把心思集中到工作上,还是硬把心头的怒气给平息下去了,他和几个要好的伙伴提及此事,并相约一同设法解决刷牙容易伤及牙龈的问题。

他们想了不少解决刷牙造成牙龈出血的办法,如把牙刷毛改为柔软的狸毛;刷牙前先用热水把牙刷泡软;多用些牙膏;放慢刷牙速度等,但效果均不太理想,后来他们进一步仔细检查牙刷毛,在放大镜底下,发现刷毛顶端并不是尖的,而是四方形的。加藤想:"把它改成圆形的不就行了!"于是他们着手改进牙刷。

经过实验取得成效后,加藤正式向公司提出了改变牙刷毛形状的建议,公司领导看后,也觉得这是一个特别好的建议,欣然把全部牙刷毛的顶端改成了圆形。改进后的狮王牌牙刷在广告媒介的作用下,销路极好,销量直线上升,最后占到了全国同类产品的40%左右,加藤也由普通职员晋升为课长,十几年后成为公司的董事长。

牙刷不好用，在我们看来是司空见惯的小事，所以很少有人想办法去解决这个问题，机遇也就从身边溜走了。而加藤不仅发现了这个小问题，而且对小问题进行细致的分析，从而使自己和所在的公司都取得了成功。

　　看不到细节，或者不把细节当回事的人，对工作缺乏认真的态度，对事情只能是敷衍了事。这种人无法把工作当作一种乐趣，而只是当作一种不得不接受的苦役，因而在工作中缺乏热情。而考虑到细节、注重细节的人，不仅认真地对待工作，将小事做细，并且注重在做事的细节中找到机会，从而使自己走上成功之路。

　　我们普通人，大量的日子，很显然都在做一些小事，怕只怕小事也做不好，小事也做不到位。身边有很多人，不屑于做具体的事，总盲目地相信"天将降大任于斯人也"。殊不知能把自己所在岗位的每一件事做成功、做到位就很不简单了。不要以为总理比村主任好当。有其职斯有其责，有其责斯有其忧。如果力不及所负，才不及所任，必然祸及己身，导致混乱。所以，重要的是做好眼前的每一件小事。所谓成功，就是在平凡中做到不平凡的坚持。

　　俗语说"一滴水，可以折射整个太阳"，许多"大事"都是由微不足道的"小事"组成的。日常工作中同样如此，看似琐碎、不足挂齿的事情比比皆是，如果你对工作中的这些小事轻视怠慢，敷衍了事，到最后就会因"一着不慎"而失掉整个胜局。所以，每个人在处理小事时，都应当引起重视。

细节是一种创造

　　有位医学院的教授,在上课的第一天对他的学生说:"当医生,最要紧的就是胆大心细!"说完,便将一只手指伸进桌子上一只盛满尿液的杯子里,接着再把手指放进自己的嘴中,随后教授将那只杯子递给学生,让这些学生学着他的样子做。看着每个学生都把手指探入杯中,然后再塞进嘴里,忍着呕吐的狼狈样子,他微微笑了笑说:"不错,不错,你们每个人都够胆大的。"紧接着教授又难过起来:"只可惜你们看得不够心细,没有注意到我探入尿杯的是食指,放进嘴里的却是中指啊!"

　　教授这样做的本意,是教育学生在科研与工作中都要注意细节。相信尝过尿液的学生应该终生能够记住这次"教训"。

　　其实我们做企业更需要养成注意细节的习惯。所谓千里之堤,溃于蚁穴,但是细节更为宝贵的价值在于,它是创造性的,独一无二的。因为在每一个看似细小的环节当中,都凝结着经营者点点滴滴的心血和智慧。

　　台湾首富王永庆就是一个善于在细节中创新之人。

　　王永庆早年家里非常穷,根本读不起书,只好去别人的米行里做伙计。他做伙计期间,一边留心观察来来往往的各种人,特别是老板怎么谈生意,一边积累一点资金。

　　16岁那年,王永庆在老家嘉义开了一家米店。当时,小小的嘉义已有30家米店,竞争相当激烈。当时仅有200元资金的王永庆,只能在一条偏僻的巷子里租一个很小的铺面。他的米店地段偏僻,开得晚,规模小,没有任何优势。刚开张的时候,生意冷冷清清,门可罗雀。

　　王永庆就背着米袋,一家一家地上门推销,但效果仍是不行。王永庆感觉到,要想立足米市场,自己就必须有一种别人没做到或做不到的优势。仔细思量以后,王永庆决定在米的质量和服务上下工夫。

　　20世纪30年代的台湾,农村还非常落后,做饭的时候都要淘米,很不方便。但长期积累的习惯，买卖双方都见怪不怪。

王永庆经过长期的观察在这里找到了突破口。他带领弟弟一起动手，不辞辛苦，不怕麻烦，一点一点地将米里的秕糠、沙石之类的杂物挑出来，再出售。

这样，王永庆店里米的质量就比别人的高一个档次，深受顾客的喜爱，生意也就一天天好起来了。同时，王永庆在服务质量上也更进了一步。当时，客户都是自己来买米，自己扛回去。这对年轻人来说，也许并没什么；对老年人来说，就有些不方便了。王永庆注意到了这一点，便主动送货上门。这就大大方便了顾客，尤其是一些行动不便的老年人。这些为米店树立了非常好的声望。

王永庆送货上门并不是简单地一放了事。他送货时，还要将米倒到米缸里。如果缸里有米，他就将旧米倒出来，擦干净米缸，然后将新米倒进去，把旧米放在上层。这样，使米不至于因存放时间过长而变质。这一精细的服务，赢得了许多顾客的心，使回头客一天天变多了。

不光如此，王永庆每次送货上门后，还要用本子记下这家的米缸有多大，有多少人吃饭，多少大人，多少小孩，每人的饭量如何等。他根据记载的情况估计顾客会什么时候要米。等时候一到，不用顾客上门，他就将相应数量的米送上门来了。

在送米的过程中，王永庆发现，当地的许多居民大多数都靠打工为生，经济条件不富裕，许多家庭还未到发薪的时候，就已经没钱花了。由于王永庆是主动送货上门的，货到要收款，有的顾客手头紧张，一时拿不出钱来，会弄得大家都很尴尬。于是，王永庆采取"按时送米、定时收钱"的办法，先送米上门，等他们发工资后，再约定时间上门收钱。这样极大地方便了一些经济条件较差的顾客，同时在社会上树立了好口碑。

酒香不怕巷子深。王永庆米行的生意很快就吸引了整个嘉义城。

经过一年多的资金积累和客户积累，王永庆便自己办了一个碾米厂，并把它设在最繁华的地段。从此，王永庆开始了向台湾首富的目标迈进。

事业发展壮大后，王永庆在管理企业时，同样注重每一个细节。他的部属深深为王永庆精通每一个细节所折服。当然也有不少人批评他"只见树木，不见森林"，劝他学一学美国的管理，抛开细节只管大政策。针对这一批评，王永庆回答说："我不仅做大的政策，而且更注意点点滴滴的管理，如果我们对这些细枝末节进行研究，就会细分各操作动作，研究是否合理，是否能够将两个人操作的工作量减为一个人，生产力会因此提高一倍，甚至一个人兼顾两部机

第一篇 影响一生的细节

器,这样生产力就提高了4倍。"

一个企业要创新,必须加强对细节的关注。一向以创新意识著称的海尔集团总裁张瑞敏曾经说过:"创新存在于企业的每一个细节之中。"

曾经留意到一家小餐厅内部的布置颇有一丝新意。各个餐桌上都摆上了一个颇有创意的牙签筒:筒体以"露露"的蓝、白色为基色,印有"露露"的logo,并且表面绘有与露露杏仁露包装罐体图案一致的图案,看似一件设计精美的艺术品;另外餐厅的墙壁上也挂上了一个很有个性的店表:整个店表同样以蓝、白为基色,配以红色的表针,表面中上端印有"露露"的logo,下半部分印有"喝露露葆健康""中国驰名商标""美容养颜、调节血脂、调节非特异性免疫"(露露宣传广告语)等字样,整个店表浑然一体,没有丝毫的杂乱之感。

小小的牙签筒,设计精美,图案简洁,色彩明快,告别了单调的白色,既为顾客的就餐消费提供了方便,同时,又通过与产品包装罐体一致的图案设计吸引了顾客的眼球,形成了"露露"品牌极强的品牌联想力与品牌亲和力。据餐厅老板反映,露露牙签筒因设计精美、实用性强,存在比较严重的丢失现象,排除社会道德方面的因素,我们应该怎样从宣传效果的角度看待这一现象呢?结论只有一个:露露的牙签筒受欢迎!不仅商家欢迎,消费者也欢迎。顾客吃完饭,把牙签筒拿回家,再配以家庭范围内的口碑宣传,最终使露露宣传品的宣传效果得到了放大。而"露露餐厅"以蓝、白为主色,红色为点缀,三色构成了"露露"宣传品的代表色,极易与周围餐厅的装潢风格融为一体,起到了一般宣传品所没有的装饰效果。还是听听餐厅老板对露露的评价吧:"露露为我们考虑得很周到,并非单纯为了宣传他们自己,倒像是为装饰我们,虽说上面也有他们的宣传语,不过很简洁明了,可是谁看了还都知道是露露的东西,这个度很难掌握。不像有些厂家只顾自己宣传了,广告的感觉太浓,甚至地址、电话、联系人都写上了,显得太乱,我们不爱用,即使当时勉强用上,他们厂家的人一走,我们就赶快换了"。

也许,有的企业并不重视这些细小的事情,但在世界上凡是知名的服务企业都非常注重从细节上提高服务质量,而且制定了明确的服务标准,一切为顾客设想的服务方式,添置了舒适的服务设施,重视提高员工的服务素质,努力为顾客提供细致入微、超越顾客期望的服务。

又如，美国希尔顿大酒店发现旅客最害怕的是在旅馆住宿会睡不着觉，即人们通常所说的"认床"，于是和全美睡眠基金会达成协议，联合研究是哪些因素促使一些人一换了睡眠环境，就会难以入眠，然后对症下药，消除这些因素。从1995年3月起，美国希尔顿大酒店用不同的隔音设备，为顾客配用不同的床垫、枕头等，欢迎顾客试用。通过一段时间的试验，摸索出一种基本上适合所有旅客的办法，从而解决了一些人换床后睡不着的问题。

我们的经营在于从细小处着手，致力于从细小处创新，把顾客置于真正"正常"的位置，给他们一个优良的服务环境，才能达到经营的效果。

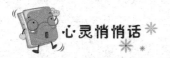

心灵悄悄话

> 一个细节是非常不起眼的，但很多细节串联起来力量就非常强大了。你忽视了一个环节，它就有可能引起连锁反应，最终导致严重的后果。

机会常常藏在细节中

在一些正式场合,人们对一个陌生人的了解,注意的往往就是他的小节。在互不熟悉的情况下,人们在不知不觉中就会先入为主地认为:一个小节常常反映出大问题。所以,我们的小节便是我们的名片,是我们身份的象征。

鲁尔先生要雇一名勤杂工到他的办公室打杂,他最后挑了一个男童。

"我想知道,"他的一位朋友问,"你为什么挑他,他既没有带介绍信,也没有人推荐。"

"你错了,"鲁尔先生说,"他带了很多介绍信。他在门口时擦去了鞋上的泥,进门时随手关门,这说明他小心谨慎。进了办公室,他先脱去帽子,回答我的问题干脆果断,证明他懂礼貌而且有教养。其他所有的人直接坐到椅子上准备回答我的问题,而他却把我故意扔在椅子边的纸团拾起来,放到废纸篓中。他衣着整洁,头发整齐,指甲干净。难道这些小节不是极好的介绍信吗?"

可见,小节不小,体现大素质,无独有偶的是,某公司高薪招聘一位白领员工,不少能人前来应聘,但只有一人顺利过关,为什么?因为细心的经理注意到了一个细节,这就是当女服务员为这些应聘者递送茶水时,只有他一个人挺礼貌地站起来并用双手接过,还说了声"谢谢"。

这两则事例充分说明了,在交际场合尤其是事关重大的交际场合,请千万注意细节,因为这些细节之中隐藏着很多改变你人生的机遇,所以,不要放过你身边的一件细小之事,哪怕是为一位陌生的老人送去一把椅子。

一个阴云密布的午后,由于瞬间的倾盆大雨,行人们纷纷进入就近的店铺躲雨。一位老妇也蹒跚地走进费城百货商店避雨。面对她略显狼狈的姿容和简朴的装束,所有的售货员都对她心不在焉,视而不见。

这时,一个年轻人诚恳地走过来对她说:"夫人,我能为您做点什么吗?"老妇人莞尔一笑："不用了，我在这儿躲会儿雨，马上就走。"老妇人随即又心神不定了，不买人家的东西，却借用人家的店堂躲雨，似乎不近情理，于是，她开始在百货店里转起来，哪怕买个头发上的小饰物呢，也算给自己的躲雨找个心安理得的理由。

正当她犹豫徘徊时，那个小伙子又走过来说："夫人，您不必为难，我给您搬了一把椅子，放在门口，您坐着休息就是了。"两个小时后，雨过天晴，老妇人向那个年轻人道谢，并向他要了张名片，就颤巍巍地走出了商店。

几个月后，费城百货公司的总经理詹姆斯收到一封信，信中要求将这位年轻人派往苏格兰收取一份装潢整个城堡的订单，并让他承包写信人家族所属的几个大公司下一季度办公用品的采购订单。詹姆斯惊喜不已，草草一算，这一封信所带来的利益，相当于他们公司两年的利润总和！

他在迅速与写信人取得联系后，方才知道，这封信出自一位老妇人之手，而这位老妇人正是美国亿万富翁"钢铁大王"卡耐基的母亲。

詹姆斯马上把这位叫菲利的年轻人，推荐到公司董事会上。毫无疑问，当菲利打起行装飞往苏格兰时，他已经成为这家百货公司的合伙人了。那年，菲利22岁。

随后的几年中，菲利以他一贯的忠实和诚恳，成为"钢铁大王"卡耐基的左膀右臂，事业扶摇直上、飞黄腾达，成为美国钢铁行业仅次于卡耐基的富可敌国的重量级人物。

菲利只用了一把椅子，就轻易地与"钢铁大王"卡耐基攀亲附缘、齐肩并举，从此走上了让人梦寐以求的成功之路。这真是"莫以善小而不为"。

有人说："上帝就在细节中。"当然了，你如果留意了这些细节，并且能做好这些细节，未必能够像菲利一样幸运地赢得平步青云的机会，但如果你不做的话，那你也永远不会有这样的机会。

虽然一个人的成功，有时纯属偶然，可是，谁又敢说，那不是一种必然呢？在芸芸众生之中，有几人能像菲利一样不去拒绝那些平凡而又高尚的小事；又有多少人能长时间地坚持做好这些小事呢？这就看出来在很多看似偶然成功的背后，必有必然的因素在起作用。那种必然支配着这些偶然，很可能就是他们高出众人的整体素质。很多时候，这种素质就表现在坚持将"小事"做好。

开学第一天，苏格拉底站在讲台上，对他的学生们说："今天大家只要做一件事就行，你们每个人尽量把胳膊往前甩，然后再往后甩。"说着，他先给大家做了一次示范。接着他又说道："从今天开始算起，大家每天做300下，大家能做到吗？"学生们都自得地笑了，心想：这么简单的事，谁会做不到？可是一年过去了，等到苏格拉底再次走上讲台，询问大家的完成情况时，全班大多数人都放弃了，而只有一个学生一直坚持着做了下来。这个人就是后来与其师齐名的古希腊大哲学家——柏拉图。

这也许正说明了柏拉图认真做"小事"的态度，为他以后闻名世界，在哲学领域有所建树奠定了最起码的"精神基础"，虽没有直接联系，但可以说，二者之间也不无关系吧！"这么简单的事，谁会做不到？"这正是许多人的共同心态。但是，世界上所有人与事，最怕"认真"二字。所有学有所长的成功者，虽然一开始，他们与我们都做着同样简单的微不足道的琐事，但是结果却大相径庭。细细分析，唯一的区别是，能成功者，他们从不认为他们所做的事是简单的小事，他们始终认为，现在所做的"小事"是为今后的"大事"作准备，他们目光所及之处，是十分辽阔的沃野，是浩瀚无边的大海，而常人眼中，现在所从事的工作，只是毫无生机的衰草和茫无目标的沙漠。

无论是"把胳膊往前甩"，还是"军营训练""服务顾客"，它们都要求我们必须具备锲而不舍的精神，坚持到底的信念，脚踏实地的务实态度和自动自发、精益求精的责任心。小事如此，大事当然概莫能外。古语"一屋不扫，何以扫天下"也是一个绝佳的佐证。如果你想飞得更快更高，那么就从眼前的"小事"做起吧！

心灵悄悄话

> "千里之堤，溃于蚁穴"告诉我们一个非常深刻的道理，在做一个大的事业时，有时候只要一个细节没有处理好，可能会痛失好局。大凡成功者，不但要有统筹全局宏观规划的本领，也要能谨小慎微防微杜渐。

掌控细节让你更高效

每一条跑道上都挤满了参赛选手,每一个行业都挤满了竞争对手。如果你任何一个细节做得不好,都有可能把顾客推到竞争对手的怀抱中。任何对细节的忽视,都会影响企业的效益。

很多企业都在对细节的管理上下足了工夫:

戴尔电脑公司的 CMM(软件能力成熟度模型)软件开发分为 18 个过程域,52 个目标和 300 多个关键实践,详细描述第一步做什么,第二步做什么。

麦当劳对原料的标准要求极高,面包不圆和切口不平都不用,奶浆接货温度要在 4℃以下,高 1℃就退货。一片小小的牛肉饼要经过四十多项质量控制检查。任何原料都有保存期,生菜从冷藏库拿到配料台上只有两小时的保鲜期,过时就扔掉。生产过程采用电脑操作和标准操作。制作好的成品和时间牌一起放到成品保温槽中,炸薯条超过 7 分钟、汉堡包超过 19 分钟就要毫不吝惜地扔掉。麦当劳的作业手册有 560 页,其中对如何烤一个牛肉饼就写了 20 多页,一个牛肉饼烤出 20 分钟内没有卖出就扔掉。

当然也有一些企业因为对细节的疏忽造成了许多不必要的损失,以至于大意失荆州。

有一家广告公司承接了国内著名的某家电集团一批商场海报的设计和印刷任务,在设计稿设计完毕准备输入写真的时候,突然设计师小 N 发现海报上的 E-mail 有一个字母不对,在准备打电话通知暂缓写真的时候,身后的广告公司经理说:"不用了,那样要耽搁时间,这个稿子上的文字我们是依据 H 公司提供的文字设计的,而且他们也已经签过了字认可。""可是这的确与我们原来设计时附加的 E-mail 不一样……"小 N 还没来得及说完。"听我的,就这样了!"经理一锤定音。交稿之后,在该家电集团领导到商场检查工作时,不经意间发现了这个错误的 E-mail。"哪家做的?"部长指着海报问。"××广告公司。"产品经理回答。"看,这哪是我们的 E-mail!?"第二天,这个广告公司就

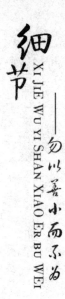
被这个家电集团停止了业务。

也许一个 E-mail 并不是广告公司被暂停业务的全部理由,但我们却不能不说这样的工作失误无疑加速了广告公司被暂停的脚步。就此,如果重新定义服务的标准,我们可以说——在我们为客户服务的过程中,在我们的职责和能力之内,我们有理由为客户把细节工作做得更好。

有人认为"针头线脑",零零碎碎的小买卖,纯属"服务性"生意,经济效益不高,因而不受重视。与此相反,北京天桥百货商场,却非常重视小买卖。他们把小商品品种数量的多少,列为考核柜台组、售货员的重要指标,全商场经营的商品中,小商品占 6/10,达 6000 多种! 天桥的经理们说:从政治上讲,群众需要小商品,商店不能不做小买卖。从经济效益上说,小买卖连着大买卖,这里也有辩证法。

1979 年夏天,一位从东北来京出差的顾客,上衣的一只纽扣脱落了,到"天桥"来买一个一分钱的纽扣。正值傍晚时分,百货柜台前,顾客云集,业务繁忙。可售货员照样热情地接待这位只买一分钱东西的顾客,先是精心替他挑了一只一分钱的纽扣,然后又拿出针线,替他把纽扣缝好,说了声"欢迎您下次再来",这才去接待别的顾客。

第二天,这位顾客又来了,还带来了 5 个伙伴,他们一起来到商场党支部,向书记、经理表达了他们的谢意。然后又在"天桥"买了两块手表、两套服装,还有一些其他商品,一共花了 550 元。买纽扣的那位顾客,还特意把手中的笔记本递到那位售货员的跟前,指着其中的"备忘录"说:"这两块手表是别人托我买的,您看看,本上写着,让我上'亨得利'去买,可我要在你们'天桥'买。你们的服务态度好,叫人信得过!"

一个商场经营成败与否,不仅仅在于商品的质量好坏、样式多寡和管理是否有效上,售货员的服务是至关重要的,他们服务的好与坏对一个百货商场的经营起到生命线作用。顾客都喜欢去售货员服务热情的商场购物,然而,就是由于这种热情服务,给商场赢得了多少固定客户和回头客呀。

这就是细节的魅力,只要您能够以细心的态度和真诚的服务去关注和满足客户需要的每个细节,即使是一个微笑、一束鲜花也会为您带来非常的惊喜、非常的效益。

在今天，凡是做营销的人没有不知道乔·吉拉德的，他被认为是"世界上最伟大的推销员"。他是如何成功的呢？

乔·吉拉德认为，卖汽车，人品重于商品。一个成功的汽车销售商，肯定有一颗尊重普通人的爱心。他的爱心体现在他的每一个细小的行为中。

有一天，一位中年妇女从对面的福特汽车销售商行，走进了吉拉德的汽车展销室。她说自己很想买一辆白色的福特车，就像她表姐开的那辆，但是福特车行的经销商让她过一个小时之后再去，所以先过这儿来瞧一瞧。

"夫人，欢迎您来看我的车。"吉拉德微笑着说。妇女兴奋地告诉他："今天是我55岁的生日，想买一辆白色的福特车送给自己作为生日的礼物。""夫人，祝您生日快乐！"吉拉德热情地祝贺道。随后，他轻声地向身边的助手交代了几句。

吉拉德领着夫人从一辆辆新车面前慢慢走过，边看边介绍。在来到一辆雪佛莱车前时，他说："夫人，您对白色情有独钟，瞧这辆双门式轿车，也是白色的。"就在这时，助手走了进来，把一束玫瑰花交给了吉拉德。他把这束漂亮的鲜花送给夫人，再次对她的生日表示祝贺。

那位夫人感动得热泪盈眶，非常激动地说："先生，太感谢您了，已经很久没有人给我送过礼物。刚才那位福特车的推销商看到我开着一辆旧车，一定以为我买不起新车，所以在我提出要看一看车时，他就推辞说需要出去收一笔钱，我只好上您这儿来等他，现在想一想，也不一定非要买福特车不可。"就这样，这位妇女就在吉拉德这儿买了一辆白色的雪佛莱轿车。

正是这种许许多多细小行为，为吉拉德创造了空前的效益，使他的营销取得了辉煌的成功，他被《吉尼斯世界纪录大全》誉为"全世界最伟大的销售商"，创造了12年推销13000多辆汽车的最高纪录。有一年，他曾经卖出汽车1425辆，在同行中传为美谈。

你对你的客户服务愈周到，他们就愈会和你保持良好的关系；你提供的服务越细致、越全面，顾客对你的印象就越深刻。

1971年，年轻的布伊诺刚从学校毕业完成医护训练，口袋里空空如也，但他却具备了企业家天生的特质，果断且有敏锐的判断力，命中注定会成为声名显赫的企业家。

布伊诺医师的事业生涯开始于一家位于杜奎德卡斯这个贫困城市的小医

院,在这家仅有 35 张病床的医院里,有九成的病人是孕妇。事实上若以医院的标准来看,这家濒临破产边缘的医院,只不过是一间设置了一些简易的医疗器材的房舍罢了。而病人更是少得可怜,每天大约只有 3 位病人来医院做每周的产前检查。

面对这种惨淡经营,布伊诺忧心如焚。照这样下去,医院不日就会关门大吉,他不想做一个"关门院长",于是他果断地作出以下决定:送顾客礼物。

医院的第一份礼物是免费为病人提供可乐。

这家医院的病人大多是非常贫困的,每月平均的收入约 60 美元;对他们而言,能够喝一罐可乐,就是个天大的享受。

因此,布伊诺决定,凡是来医院做产前检查的孕妇,就可以免费得到一罐可乐。

医院的第二份礼物是免费为病人提供接送的专车。

医院原本有一辆只在下午供团体使用的厢型车,布伊诺决定在每天上午利用这辆车送新生儿及其母亲回家。这种极具关爱的行动,给当地妇女带来很大的便利,立刻受到当地人的欢迎,进而得到了病人的感激。

医院的第三份礼物是免费讲授产妇育婴知识。

只要妇女参加这类预防疾病的课程,就可获得一些食物,并可参加抽奖。奖品有婴儿床、高脚椅、尿布等,而且这一切都是免费的。

第四份礼物是免费提供儿童读物。

1992 年,布伊诺在医院设立了一个儿童俱乐部,只要父母带孩童加入,就可以得到一些小礼物以及一些教导小孩良好卫生习惯的儿童书刊,供病人及病人家属免费取阅。

第五份礼物是不分昼夜,随时都有专家医生的接待。

一般的医院,所谓的专家教授,接受患者的求诊,还得事先预约,摆足了架子。而在布伊诺所在的医院却随时都安排专家接诊。

如果病人打电话进来,电话旁的医师便会告诉他应到哪栋楼哪一个科室。同时通知医护人员待命。因此,当病人送到,医护人员包括医护专家早已在旁等候了。

第六份礼物是为边远地区的病人准备救护直升机以及救护车。

救护直升机和漆着"全方位关心"的救护车在机场随时待命。这不仅是光鲜亮丽的直升机及救护车而已,它代表机动的强力医疗救援体系,以科技来挽救生命,和死神赛跑,而这所有的一切都是免费的。可以说,服务是一项非常具体而又需要细心的工作,客户对服务的要求通常是较高的,需要100%满意。正是因为布伊诺经营的医院抓住了做好服务细节这一关键性因素,使这所濒临关门的小医院不仅起死回生,而且成了远近闻名、受人欢迎的大医院。这就是经营细节带来了神奇效益,所以精明的企业家都是关注和钟爱细节之人,只要抓住细节的手,就抓住了企业未来的命运之手。

心灵悄悄话

无论在何种场合,细节的重要性都是不言而喻的。不要觉得那些不起眼的细节根本就算不了什么,要知道你忽视细节,成功也必将忽视你。真正的成功都是在一个个细节成功的基础上累积起来的,就好比"千里之行,始于足下"。你必须把每一步都做得很好,你才有可能尽快到达成功的彼岸。

不可忽视的关键细节

王老板最怕淹水，因为他卖纸，纸重，不能在楼上堆货，只好把东西都放在一楼。

天哪！还差半尺。天哪！只剩两寸了。每次下大雨，王老板都不眠不休，盯着门外的积水看。所幸回回有惊无险，正要淹进门的时候，雨就停了。

一年、两年，都这么度过。这一天，飓风来，除了下雨，还有河水泛滥，门前一下子成了条小河，转眼水位就漫过了门槛，王老板连沙包都来不及堆，店里几十万的货已经泡了汤。

王太太、店员甚至王老板才十几岁的儿子都出动了，试着抢救一点纸，问题是，纸会吸水，从下往上，一包渗向一包，而且外面的水，还不断往店里灌。

大家正不知所措，却见王老板一个人，冒着雨、蹚着水，出去了。"大概是去找救兵了。"王太太说。而几个钟头过去，雨停了、水退了，才见王老板一个人回来。这时候就算他带几十个救兵回来，又有什么用？店里所有的纸都报销了，又因为沾上泥沙，连免费送去回收纸浆，纸厂都不要。

王老板收拾完残局，就搬家了，搬到一个老旧公寓的一楼。他依旧做纸张的批发生意，而且一下子进了比以前多两三倍的货。

"他是没淹怕，等着关门大吉。"有职员私下议论。果然，又来台风，又下大雨，河水又泛滥了，而且，比上次更严重。好多路上的车子都泡了汤，好多地下室都成了游泳池，好多人不得不爬上屋顶。

王老板一家人，站在店门口，左看，街那头淹水了；右看，街角也成了泽国，只有王老板店面的这一段，地势大概特高，居然一点都没事，连王老板停在门口的新车，都成了全市少数能够劫后余生的。王老板一下子发了，因为几乎所有的纸行都泡了汤，连纸厂都没能幸免，人们急着要用纸，印刷厂急着要补货、出版社急着要出书，大家都抱着现款来求王老板。

"你真会找地方，"同行业问，"平常怎么看都看不出你这里地势高，你怎么会知道？"

"简单嘛。"王老板笑笑,"上次我店里淹水,我眼看没救了,干脆蹚着水、趁雨大,在全城绕了几圈,看看什么地方不淹水。于是,我找到了这里。"

王老板拍拍身边堆积如山的纸,得意地说:"这叫救不了上次,救下次,真正的'亡羊补牢'哇。"

其实,王老板之所以能够成功是与他留意到在大雨中,全城哪里不淹水这样的一个细节是紧密相联的,这充分说明了细节有时恰恰是事物的关键所在。**当然,"成由细节,败由细节",就看你能不能充分发现并重视这些细节。**

同样,对于营销来说,一个营销方案是否能取得预期效果,就还原创意和实现创意的过程而言,执行过程中的细节绝对是重中之重。

某乳品企业营销副总谈起他们在某市的推广活动时说:"我们的推广非常注重实效,不说别的,每天在全市穿行的100辆崭新的送奶车,醒目的品牌标志和统一的车型颜色,本身就是流动的广告,而且我要求,即使没有送奶任务也要在街上开着转。多好的宣传方式,别的厂家根本没重视这一点。"

然而,这个城市里原来很多喝这个牌子牛奶的人,后来却坚决不喝了,原因正是送奶车惹的祸。原来,这些送奶车用了一段时间后,由于忽略了维护清洗,车身沾满了污泥,甚至有些车厢已经明显破损;但照样每天在大街上招摇过市。人们每天受到这种不良的视觉刺激,喝这种奶还能有味美的感觉吗?

创造这种推广方式的厂家没想到:"成也送奶车,败也送奶车。"对送奶车卫生这一细节问题的忽视,导致了创意极佳的推广方式的失败。

同样的问题越来越多地出现在各企业的各个营销环节中。很多企业在营销出现问题的时候,一遍遍思考营销战略、推广策略哪儿出了毛病,但忽视了对执行细节的认真审核和严格监督。

为什么企业界会发生如此多的悲剧呢?看看这些企业当年的发展规模和发展速度,看看这些企业当年的运作模式,有哪一家的失败不是"千里之堤,溃于蚁穴"的呢?尤其是保健品巨头三株。

三株,曾在短短的3年时间里,销售额提高了64倍,达到80亿元,创造了中国保健品行业无比辉煌的帝国,其销售网络遍布全国城市,甚至村镇。总裁吴炳新曾吹嘘过:"在中国有两大网络,一是邮政网,一是三株销售网。"但是,一篇《八瓶三株口服液喝死一条老汉》的新闻报道,便使三株这个庞然大物轰然倒下,气病了难得的企业帅才吴炳新,同时也使许多企业界人士长吁短叹,唏嘘不已。

三株的垮掉原因当然是仁者见仁,智者见智。但是,其中有一种很奇怪的现象——当三株遭危机时,各级销售人员纷纷携款而去,值得人们深思。如此大的企业,居然管理纪律不严,财务监督不严,没有对付突发事件的应急方案。

我们来看看总裁吴炳新在 1997 年年终大会上总结的三株"十五大失误"吧。

(1)市场管理体制出现了严重的不适应,集权与分权的关系没处理好。

(2)经营体制未能完全理顺。

(3)大企业的"恐龙症"严重,机构臃肿,部门林立,程序复杂,官僚主义严重,信息不流畅,反应迟钝。

(4)市场管理的宏观分析、计划、控制职能未能有效发挥,对市场的分析估计过分乐观。

(5)市场营销策略、营销战术与消费需求出现了严重的不适应。

(6)分配制度不合理,激励制度不健全。

(7)决策的民主化、科学化没有得到进一步加强。

(8)部分干部骄傲自满和少数干部的腐化堕落,导致了我们许多工作没做到位。

(9)浪费问题严重,有的子公司 70% 广告费被浪费掉,有的子公司一年电话费 39 万元,招待费 50 万元。

(10)山头主义盛行,自由主义严重。

(11)纪律不严明,对干部违纪的处罚较少。

(12)后继产品不足,新产品未能及时上市。

(13)财务管理严重失控。

(14)组织人事工作和公司的发展严重不适应。

(15)法纪制约的监督力不够。

由此可见,三株的倒闭并非是因哪家新闻报道所为,而是三株的"大堤"早已被"蚁穴"掏空了。试想,内部如此混乱不堪的一家企业,怎么经得起市场的大潮呢? 如果不是三株内部管理存在这么多"蚁穴",像三株这样大的企业产品质量不可能出现如此大的失误;如果不是三株内部存在这么多"蚁穴",三株完全有能力事后补救,找出解救良药。

这也回答了这样一个问题,即为什么有的企业能够历经风雨而长盛不衰,而有的企业却只能红火一时轰然倒下。重要的原因是对细节的态度和处理存在着根本的不同。从企业管理的角度来看，细节是管理是否到位的标志。管理不到位的企业很难成为成功的企业，更难以根基牢固。当前，忽视细节，管理不到位是不少企业的通病。如何在激烈的市场竞争中立于不败之地，是每个企业面临的重大课题。今后的竞争将是细节的竞争。企业只有注意细节，在每一个细节上下够工夫，才能全面提高市场竞争力，保证企业基业长青，在企业基本战略抉择成形以后，决定企业成败的就是"细节管理"。

在高科技日新月异，经济全球化飞速发展的形势下，伴随着社会分工的越来越细和专业化程度的越来越高，一个要求精细化管理的时代已经到来。细节成为产品质量和服务水平的有力表现形式。企业只有细致入微地审视自己的产品或服务，注意细节、精益求精，才能让产品或服务日臻完美，在竞争中取胜。同样，如何处理好细节，从企业领导方面看，是领导能力与水平的艺术体现；从企业作风上看，是企业认真负责精神的体现；从企业发展上看，是企业实现目标的途径。

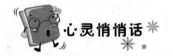

心灵悄悄话

自古那些有大智慧的人总是能够以小见大，从平淡无奇的琐事中参悟深邃的哲理。他们不会将处理琐碎的小事当作是一种负累，而是当作一种经验的积累过程，当作是做一番宏图伟业的准备。

第二篇

伟大源于细节的积累

人生漫漫,机遇常有,但决定我们命运的不是我们的机遇,而是我们对机遇的看法。机遇悄然而降,稍纵即逝。因此,你若稍不留心,她就将翩然而去,不管你怎样地扼腕叹息,她却从此杳无音讯,一去不复返。

更有甚者,有些人因为大意与机会擦肩而过,却还浑然不觉。因此,对于这些人来说,要想取得成功,要想捕捉到成功的机遇,就必须擦亮自己的双眼,使自己的双眼不要蒙上任何的灰尘。这样,才能够在机遇到来的时候伸出自己的双手,从而捕捉到成功的机遇。

细节需用心才看得见

事事留心皆机遇

捕捉机遇一定要处处留心，独具慧眼。其实只要你仔细留心身边的每一件小事，这每一件小事当中都可能蕴藏着相当的机遇，成功的人绝不会放过每一件小事。他们对什么事情都极其敏感，能够从许多平凡的生活事件中发现很多成功的机遇。

美国第四大家禽公司——珀杜饲养集团公司董事长弗兰克·珀杜，讲述了他成功的经历和童年的一段故事：

珀杜10岁时，父亲给了他50只自己挑选剩下的劣质仔鸡，要他喂养并自负盈亏。在小珀杜的精心照料下，这些蹩脚的鸡日渐改观、茁壮成长。不久，产蛋量竟超过了父亲的优质鸡种，每日卖蛋纯收入可得15美元左右。这在大萧条时期可是一笔大钱。开始时，父亲不相信，当他亲眼看见小珀杜把鸡蛋拿出去时才开始相信他。后来珀杜开始帮助父亲管理部分鸡场，事实再一次证明他的管理和销售能力。他管理的几个鸡场的效益超过了父亲。1984年，父亲终于将他的整个家禽饲养场全部交给珀杜管理。

珀杜之所以能比父亲经营管理得好，是因为他能注意到一些很细小的环节。因为他对事物的仔细观察，使他发现了隐藏在细小事物中的机遇，从而见微知著。

10岁的时候，珀杜对鸡的生活习性一点也不了解。但是他认真观察后发现，当一只鸡笼里的小鸡少了时，小鸡吃得就多，成长得就快，但是太少了又会浪费鸡笼和饲料。于是他就慢慢地寻找最佳结合点，最后总结出每只笼子里养40只小鸡是最合理的。注意事物的每一个细节，从中可以发现使人成功的机遇，从而对总体的把握更加准确。抓住了微妙之处，也就把握了荦荦大端。

处处留心皆机遇，要做生活当中的有心人是因为机会往往来得都很突然或者很偶然。因此，只有留心、用心的人才有可能在机会来临的一瞬间捕捉到它。比如说世界上第一个防火警铃就是在实验室的一次实验中偶然发明的。第一个防火警铃的发明者杜妥·波尔索当时正在试验一个控制静电的电子仪器，忽然他注意到他身边的一个技师所抽的香烟把仪器的马表弄坏了。开始时，杜妥·波尔索的第一反应是非常懊恼，因为马表坏了必须中止实验，重新再装上一个马表。但他很快地就想到，马表对香烟的反应可能是一个非常有价值的资讯。这个只是一瞬间发生的看似很不起眼的偶然事件，就促使杜妥·波尔索发明了第一个防火报警警铃，在防火领域作出了突破性的贡献。

不仅仅像防火报警警铃的发明来自生活中很突然的偶发事件，其实，世界上有很多的发明创造都是来自这种生活中突发的偶然事件。被称为"杂交水稻之父"的我国农业科学家袁隆平发明杂交水稻也是如此。袁隆平有一次在稻田里，无意之中突然发现了一株自然杂交的水稻。由此，他想到目前我们人类所认定的水稻不能杂交的结论可能是个错误的结论。于是，通过艰苦的科学研究，他攻克了一个又一个难关，终于成功地培育出了杂交水稻，从而一举成了足以改变人类命运的世界级的科学家。

面对许许多多这样成功的事例，你也许会说，我整天都坐在果园里，苹果树上的苹果把我的头都砸烂了，为什么我就没有像牛顿一样发明出一个什么定律？可能你还会说，我一年四季都不停地在稻田里转悠，我的脑子都快要被水稻装满了，我自己也快要变成水稻了，可我怎么就没有发现一株自然杂交的水稻？

有一句谚语说："有恒为成功之本。"这句话一语点破了勤奋出机遇的道理。机遇的出现是同个人的打拼紧密联系在一起的。

每个人心里都清楚，机遇并不是一朵开在花园里的鲜花，你伸手就能将它采摘。它是一朵开在冰天雪地、悬崖峭壁上的雪莲。只有那些不畏艰险，勇于攀登高峰的人才能闻得它的芳香，才能将它拥有。

善于从细节中发现机会

许多人在追求机会的道路上，虽穷尽心力，但终究得不到幸运女神的青睐。对于这种人，最好的方法就是让他另辟蹊径从细节中找寻机会。

机会虽然比比皆是，但追求机会的人更是多如繁星；在人们所熟知的行业中，机会和追求机会的人之间的比例是严重失调的。可惜，许多人虽然意识到了这一点，却还是拼死要往里钻，结果不但没能得到命运的垂青，反而浪费了自己的大好青春。

事实上，在每一个地方，都有机会的存在。善于抓住机会的人，就懂得往人少的地方去。如果某个地方只有你一个人，那岂不是意味着这里所有的机会都只是属于你一人吗？

学会独辟蹊径，并从人生的细处经营，将使你的人生"柳暗花明又一村"。

美国的查朱原来是乡下一个小火车站的站员。由于车站偏僻，购物困难，而且价格偏高，附近的人们常常要写信请在外地的亲友代买东西，非常麻烦。查朱注意到这个细节：如果能在附近开一个店铺，一定会是一个发财的机会。可是，他既没有本钱，也没有房子，怎么办呢？他决定尝试用一种全新的、无人尝试过的邮购方法，即先将商品目录单寄给客户，然后按客户的要求寄去商品。他雇了两名职员，成立了"查朱通信贩卖公司"。此后，人们纷纷仿效，并从美国风靡到全世界，查朱也成为"无店铺贩卖"方式的创始人。当然，作为创始人的回报，就是在 5 年之后，查朱成了百万富翁。

如果你觉得这个例子离你太遥远，毕竟我们不是查朱，不能在火车站留意到人们代买物品方面的情况，但接下来的例子却那么贴近我们的生活，也能更充分地印证细节之中自有机遇的真理。

1973 年，年仅 15 岁的格林伍德收到别人送给他的圣诞礼物——一双滑冰鞋。他非常高兴，因为他一直渴望有滑冰的机会。这个愿望终于实现了。

拿到这件礼物后，格林伍德马上就跑出屋子，到离家很近的结了冰的河面上去溜冰。可能是他初次出来溜冰的原因，他感觉天气太冷了，一溜冰，耳朵被风吹得像刀子割似的发疼。他戴上了皮帽子，把头和腮帮捂得严严实实，结果时间长了，又闷又热，直流汗。

格林伍德想，应该做一件能专门捂住耳朵的东西。他终于琢磨出一个大概的样子，回家后请妈妈照他的意思做。妈妈摆弄了半天，给他缝了一副棉耳套。

格林伍德戴上棉耳套去溜冰时，果然很起保暖作用。一些朋友看见，都向他要。格林伍德和妈妈商量了以后，把祖母请来，一起做耳套。经过几次修改，耳套做得更适用、更美观了。格林伍德把它叫作"绿林好汉式耳套"，并且向美国专利局申请了专利。

你也许会问，一副耳套值多少钱？申请专利又有什么用？你如果这样想，很遗憾，类似的机遇你一生也看不见、抓不住。

告诉你，格林伍德后来成为世界耳套生产厂的总裁，因为这项专利，他成了千万富翁。

你会领悟点什么了吧！这种生活中司空见惯的东西，换个角度去看去想，往往会发现其中隐藏了许多机遇。

机遇是那样广泛地存在，它又是那样的公平与客观。当你失去机遇时，你不能怪谁，只能怪自己。它一直在那儿，你却没发现。别人发现了，那是因为脑筋转得快。机遇可不会主动投送你的怀抱。

在小事上下工夫的人更优秀

无论多平凡的小事，只要从头至尾彻底做成功，便是大事。

假如你踏踏实实地做好每一件事，那么绝不会空空洞洞地度过一生。

我们都是平凡人。只要我们抱着一颗平常心，踏实肯干，有水滴石穿的耐力，我们获得成功的机会，肯定比那些禀赋优异的人少不到哪里去。

皮尔·卡丹曾说："真正的装扮就在于你的内在美。越是不引人瞩目的地方越是要注意，这才是懂得装扮的人。因为只有美丽而贴身的内衣，才能将外表的华丽装扮更好地表现出来。"皮尔·卡丹的装扮理论用在工作上同样富有哲理，越是不显眼的地方越要好好地表现，这才是成功的关键。

每一件事都值得我们去做。不要小看自己所做的每一件事，即便是最普通的事,也应该全力以赴、尽职尽责地去完成。小任务顺利完成,有利于你对大任务的成功把握。一步一个脚印地向上攀登,便不会轻易落伍。通过工作获得真正的力量的秘诀就蕴藏在其中。

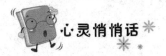 心灵悄悄话

"不积跬步,无以至千里。不积小流,无以成江海。"成功从来都不是一蹴而就的,成功是一个不断积累的过程。智者善于以小见大,从平淡无奇的琐事中参悟深邃的哲理。他们不会将处理琐碎的小事当作是一种负累,而是当作一种经验的积累过程,当作是做一番宏图伟业的准备。不厌其烦地拾起细碎的石块,日积月累构筑起来高耸雄伟的城堡。只有站在城堡俯瞰脚下的壮美景色时,你才会体会到这些小事的重要。

做事不贪大，做人不计小

生活中，我们会发现那些成功者，大多都有优良的品质，其中最显著的便是他们任何时候都坚持守信、遵约的美德，坚持宽以待人、与人为善、严以律己的操守。之所以如此，是因为他们注重的不是眼前利益，而是远大的理想和抱负。

做人要大度一点

生活需要我们有一颗善解人意的心，需要我们凡事能大度一点，那样，我们就会对无关紧要的小事一笑置之，从而使我们的心境变得像天空一样开阔。

寺庙中的两个小和尚为了一件小事吵得不可开交，谁也不让谁。

一个小和尚怒气冲冲地去找方丈评理。方丈在静心听完他的话之后，郑重其事地对他说："你说的对！"于是这个小和尚得意扬扬地跑回去宣扬。

另一个小和尚不服气，也跑来找方丈评理。方丈在听完他的叙述之后，也郑重其事地对他说："你说的对！"

第二个小和尚满心欢喜地离开后，一直跟在方丈身旁的一个小和尚终于忍不住了，他不解地向方丈问道："方丈，您平时不是教我们要诚实，不可说违背良心的谎话吗？可是您刚才却对两位师兄都说他们是对的，这岂不是违背了您平日的教导吗？"

方丈听完之后，不但一点也不生气，反而微笑地对他说："你说的对！"第三位小和尚此时才恍然大悟，立刻拜谢方丈的教诲。

生活中，我们要学这位方丈，凡事都以"你说的对"来先为别人考虑，那么很多不必要的冲突与争执就可以避免了，生活也一定会变得轻松起来。

当你被别人误会或受到别人指责时，如果你偏要反复解释或予以还击，结果就有可能越描越黑，事情越闹越大。最好的解决方法是，不妨把心胸放宽一些，没有必要去理会。

凡事都要争个是非的做法并不可取，有时还会带来不必要的麻烦或危害。

2002年3月，一位旅游者在意大利的卡塔尼山发现一块墓碑，碑文记述了一位名叫布鲁克的人是怎样被老虎吃掉的事件。

布鲁克从雅典去叙拉古游学，经过卡塔尼山时，发现了一只老虎。进城后，他说，卡塔尼山上有一只老虎。城里没有人相信他，因为在卡塔尼山从来就没人见过老虎。

布鲁克很生气，在到达叙拉古的第10天，布鲁克买了一支猎枪来到卡塔尼山。他要找到那只老虎，并把那只老虎打死，带回叙拉古，让全城的人看看。

可是这一去，他就再也没有回来。三天后，人们在山中发现一堆破碎的衣服和布鲁克的一只脚。经城邦法官验证，他是被一只重量至少在500磅的老虎吃掉的。布鲁克在这座山上确实见到过一只老虎，他真的没有撒谎。布鲁克在这场争论中取得了胜利，不过代价却是他宝贵的生命。

放弃凡事争个明白的念头吧，真正的智者从不会为小事斤斤计较，他们总是坚持走自己的路，不管别人怎样评说，而时间最后总会证明他们是正确的。

把目光放远一点

很多人在处理事情时总盯着眼前，从不考虑对日后的影响，比如在交际过程中，图一时之利，把交际的对象分为三六九等，从而戴上有色眼镜，对那些有权有势或对当前能产生影响的人尊重有加，而对那些小人物或当时看似无关紧要的却不屑理睬。比如，办公室里的那位满脸粉刺的文书小姐，你对她不屑一顾，可是不久她就被提拔为老板的秘书。再比如，你同事的车子坏了，在你开车路过他旁边时，他向你招手，而你正赶着去参加一个重要的会议而没有理他，两年后他成为你的主管，还记着这事，难免会给你"穿小鞋"。

希丁克的教训就很深刻。他在一家公司任生产部经理时,曾将一位前来推销产品的销售员粗鲁无礼地赶出办公室。当时他工作太忙,心情不太好。一年后,他再见到那位销售员时,销售员已经转到他的一家大客户那里,在供应部里任职,而且一眼就把希丁克认了出来。希丁克暗中叫苦,怕对方报复。果然,那家大客户给他公司的订单渐渐减少。老板知道缘由后,把希丁克调离了生产部。

这也不是说你在生活或工作中,决不能冒犯别人。为了成功,你要敢于表达自己,敢于陈述自己的观点,不顾某些人的脸色和面子。但你要注意,争执和分歧必须是为了公司的利益而非个人的利益,再就是要对事不对人,同对方做好沟通,免得对方记恨你。

在处理任何事情时,都有短期的价值和长期的价值。短期和长期的价值有时是一致的,但有时是互相冲突的。你要事先考虑其对未来的影响,万不可只图眼前的利益而做出错误的决定。

做人必须从大处着眼,不要总是盯着眼前的小利益,那样,才能打造良好的人际关系,从而为成功打好坚实的基础。

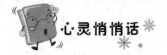
心灵悄悄话

做人切不可忽略细节,如果说一个人的大事业、大成功是他的框架和骨骼的话,那么若干细节就是他的血肉,是来自生活母体的活性细胞。一个人注注因为好多优秀的细节,筑就了良好的人品与德性。

心细如发成大事

办事要果断、大胆,也要心细。交际中的细节,直接关系到交往的成败、办事的成败,正所谓"成也细节,败也细节"。精细者常常可以因为重视细节而旗开得胜,粗心者则常因忽略细节而败下阵来。

宋代的米芾是个大画家,专爱收集古画,甚至到了不择手段的程度。他在汴梁城闲逛时,只要发现有人在卖古画,总会立即上前细细观赏,有时还会要求卖画者把画让他带回去看看。卖画者认得他是当朝名臣,也就放心地把画交给了他,他便连夜复制一幅假画,第二天将假画还去而将真画留下。由于他极善临摹,那假画的确足以乱真,故此得到不少名人真迹。

又一日,当他又用此法将自己临摹的一幅足以以假乱真的假画还去时,画主人却说了一句:"大人且莫玩笑,请将真画还我!"米芾大惊,问道:"此言何意?"那人回答:"我的画上有个小牧童,那小牧童的眼里有个牛的影子,您的画上没有。"米芾听罢,叫苦不迭。

上述这个极易被人忽略的小牧童眼里牛的影子,就是细节,而一向"稳操胜券"的米芾,也正是"栽"在眼中的牛这个小小的细节上!

不妨再让我们细品一件发生在我们周围的真人真事。

国内有家工厂,为了能从美国引进一条生产无菌输液软管的先进流水线,曾做了长期的艰苦努力,并终于说服了对方。可是,也就是在签字的那一天,在步入签字现场那一刹那,中方厂长突然咳嗽了一声,一口痰涌了上来,他看看四周,一时没能找到可供吐痰的痰盂,便随口将痰吐在了墙角,并小心翼翼地用鞋底蹭了蹭,那位精细的美国人见此情景不由得皱了皱眉。

显然,这个随地吐痰的小小细节引起了他深深的忧虑:输液软管是专供病人输液用的,必须绝对无菌才能符合标准,可西装革履的中方厂长居然会随地吐痰,想必该厂工人素质不会太高,如此生产出的输液软管,怎么可能绝对无菌! 于是美国人当即改弦更张,断然拒绝在合同上签字——中方将近一年的努力也便在转眼间前功尽弃! 一个"细节"砸了一笔生意,这难道不值得三思! 那么,如果注意了细节又会怎样? 请看下列事实。

某公司高薪招聘一位白领员工,不少能人前来应聘,但只有一人顺利过关,为什么? 因为细心的经理注意到了一个细节,这就是当女服务员为这些应聘者递来茶水时,只有他一人挺礼貌地站起并用双手接过,还说了声"谢谢"。

无独有偶,有家幼儿园招聘园长,在众多的应聘者中也是只有一人顺利过关,其原因也是因为一个细节——大家在上楼梯时,只有她为站在那里的一个小男孩儿擦了擦鼻涕。而这个被大家忽略了的小男孩儿,乃是招聘者提前安排的。

幼教工作者理应充满爱心,理应真诚地热爱孩子,而那位有幸被录用的女士也正是通过主动为孩子擦鼻涕的细节体现了她的神圣的爱心。

如此看来,"成也细节,败也细节"的说法肯定不错。既然如此,在交际场合尤其是事关重大的交际场合,请千万注意细节,千万做到"滴水不漏""一丝不苟"。也只有如此,你才能真正地稳操胜券!

办事讲究小心谨慎

世上的事情都有一个恰到好处的分寸。有一分谨慎就有一分收获,有一分疏忽就有一分丢失。十分谨慎就完全成功,完全疏忽就会彻底失败。办事十分讲究谨慎用心。

许多人在办事时,开始比较谨慎,过不了多久,就松懈下来了;有的人对大事、难事比较谨慎,对小事、容易事就疏忽。生活中不是常常有因忽略小事而酿成大祸的惨痛教训吗? 到了困难的事情面前一筹莫展,还不是在容易事前疏忽大意而造成的吗? 如果不想失败,就要十分谨慎。尤其在事务进展到尾声时切勿疏忽大意,以防前功尽弃。在我国历史上就有过正反两方面的教训。

战国时,秦国国富民强,气势最盛。秦武王以为从此可高枕无忧,便以骄色示人。一谋士见势不妙,便进言提醒武王道:"诗曰,行百里者半九十',指的是把持到最后关头的困难。今天的霸业是否能成，还得看各方诸侯是否出力。然而大王现在就沾沾自喜，以骄色见人，而忽视图霸的准备，若让他国知道了，受诸侯攻击的恐怕非楚而秦了。"秦武王虽精于政治，其霸业也只维系了短短的4年。可见他没有听进谋士的忠言。

在施政方面，真正做到善始善终、居安思危的，要数唐太宗李世民了。

太宗常对左右说："治国之心犹如治病。病人希望尽快痊愈，求医心切。如果病人能认真听从医生的嘱咐，配合治疗，病就痊愈得快；反之，恐怕就要使病情恶化，甚至丧命。治国也是同理，要想保持天下安定，就得事事谨慎；若在关键细节上有疏忽，必招亡国之祸。现在天下的安危全置于我一人肩上，因此，我要慎重地警惕自己。即使歌功颂德，我还需检点自己的言行，加紧努力。但是，只靠我一人是难有作为的，希望你们能做我的耳目，发现我有过失，请直言无妨，君臣之间如有疑惑而不说，对治国是极其有害的。"

唐太宗如此开明，才引出善谏的魏征，以这种态度施政，才出现了历史上有名的"贞观之治"。

有一段话说得很精辟："不论是简单的运动形式，或复杂的运动形式，不论是客观现象，或思想现象，矛盾是普遍存在着的，矛盾存在于一切过程中，这一点已经弄清楚了。"要想办事顺利，就要小心谨慎，顺风满帆不掉以轻心，以"安全驾驶"的姿态去把持最后关头。

心灵悄悄话

许多人的德性败坏是从不拘小节开始的。德性就像一架时钟的发条，为了一个辉煌的目标，一分一秒不能松劲，不放弃使命，不放弃责任，不放弃尊严……这些原则都不在豪言壮语之中，而是在生命和生活的细节中体现。古人说："勿以善小而不为。"人品与德性的大厦不可能瞬间"拔地而起"，只能在一个个的生活"细节"中长高。

细节在竞争中的地位

中国有句老话叫"三百六十行,行行出状元",不过,随着社会的飞速发展,社会分工越来越细,新兴职业越来越多,职业更替的周期也在不断加速。据统计,中国目前已经有了 1838 种职业,并且还有逐年增加的趋势。

分工越来越细,专业化程度越来越高,是社会历史发展的必然趋势。从古典经济学派的亚当·斯密、大卫·李嘉图到萨伊、马克思、马歇尔、熊彼特、凯恩斯、萨缪尔森等几乎所有的经济学家,都把分工看成是工业化进程不断深化、劳动生产率不断提高的重要根据。按照自然分工和市场要求形成的社会产业链,被认为是经由市场那只神秘的"看不见的手"巧妙安排的,从而符合社会整体利益最大化要求的天然产物。

经济学的开山鼻祖亚当·斯密的首要观点就是分工,讲专业化分工如何发展。市场经济的发展一定是越来越专业化的竞争,国际上许多优秀大企业都是上百年专注于一个领域,把工作做足、做细,然后再涉足相关领域,而不是到处插手,盲目多元化。

1981 年于瑞士 Apples 市成立的罗技电子(Logitech)是全世界知名的电脑周边设备供应商,当初罗技只是依靠生产鼠标和键盘进入电脑周边设备行业。鼠标和键盘是电脑最基本、最不可缺少的外设配件,同时也是价钱较低、获利较少的配件,因此对于电脑行业的巨头们根本无法产生吸引力,这便给了罗技一个契机。从此,罗技走上了鼠标和键盘生产的专业化道路,经过了数年的努力,罗技不仅在该行业中站稳了脚跟,而且已然成为全球最大的鼠标和键盘的生产供应商。

中国的企业如果能在专业化上下足工夫,把产品做精,把质量做细,一定会获得高速的成长。浙江、广东的很多企业在这一点上做得非常好。最有代表性的就是鲁冠球的杭州万向节厂。整个 20 世纪 80 年代,鲁冠球集中力量生产汽车万向节,实施"生产专业化,管理现代化"以后,又实现"产品系列化",使当初只有 7 个人、4000 元资产的小厂一跃成为有数亿元资产的大型企业。

2003 年,鲁冠球位列中国富豪榜第 4 名,资产 54 亿元。

但是世界上却有很多企业家并不知道"钻石就在自己的脚下"的道理,他们喜欢像蜜蜂一样,在全国和世界各地飞来飞去,寻找他们的生意机会,显得异常忙碌。其实完全没有必要,因为在你自己的后院里就可能有很多处理不完的好买卖,只要自己一件一件做好就能够赚大钱。

在美国,一个名叫赫博的人经历过一件惨事:破产!赫博很多年来一直是一个精明的建筑商,他不断地周游全国,以规模越来越大的高层写字楼和公寓楼群给自己立下了一个又一个的纪念碑。但最终他还是破产了。

后来他和他的朋友在一起谈起他的故事。赫博说:"你知道,在忍受出差去远方城市开发大项目带来的所有不适和不便的同时,我花费了大量钱财。那是一个永远结束不了的噩梦:与飞机场行李搬运工、票务代理商、空姐、出租车司机和旅馆服务员频繁打交道;忙于进出宾馆以及处理商务差旅所带来的一切麻烦,我做好了这些细节,结果到头来却是竹篮打水一场空。如果这些年我待在家里,每天只需要在我所住的那条街道上花一个小时来回散步,关注那些细微的变化,注意那些要出售的房产,几乎不用花费什么力气,我就可以轻而易举地赚到数百万美元。我需要做的只是买下那条街上出售的每一份房地产,然后等待机会将它们卖出去。当我耗心费力地在全国各地到处奔波的时候,我所住的那条街道的房地产升值了 10 倍还多。"

可见,"世界级的竞争,就是细节竞争"。在现代这样的社会里面,对细节的重视已经深入人心。作为一个企业的管理者,不仅要关注企业宏观战略的内容,更要注重企业微观方面的管理内容。企业的执行人员,要从细节入手把工作做细,从而在企业中形成一种管理文化,那就要注重战略百分百地执行,从而使企业具有极其强大的竞争威力。

现代化的大生产,涉及面广,场地分散,分工精细,技术要求高,许多工业产品和工程建设往往涉及几十个、几百个甚至上千个企业,有些还涉及几个国家。如一台拖拉机,有五六千个零部件,要几十个工厂进行生产协作;一辆上海牌小汽车,有上万个零件,需上百家企业生产协作。日本的本田汽车,80%左右的零部件是其他中小生产商提供的。一架"波音 747"飞机,共有 450 万个零部件,涉及的企业单位更多。而美国的"阿波罗"宇宙飞船,则要 2 万多个协作单位生产完成。这就需要通过制定和贯彻执行各类技术标准和管理标准,

第二篇 伟大源于细节的积累

从技术和组织管理上把各方面的细节有机地联系协调起来,形成一个统一的系统,从而保证其生产和工作有条不紊地进行。在这一过程中,每一个庞大的系统是由无数个细节结合起来的统一体,忽视任何一个细节,都会带来想象不到的灾难。如我国前些年澳星发射失败就是细节问题:在配电器上多了一块0.15毫米的铝物质,正是这一点点铝物质导致澳星爆炸。

可以说,随着社会分工的越来越细和专业化程度的越来越高,一个要求精细化管理的时代已经到来。

那么对于企业而言,面对这样的一个时代,如何能够在激烈的市场竞争中立于不败之地呢?作为著名的企业顾问专家的汪先生认为,今后的竞争将是细节的竞争。企业只有注重细节,在每一个细节上做足工夫,建立"细节优势",才能保证基业长青。

作为世界上著名的动画片制作中心的迪斯尼公司就十分善于从细节上为观众和客人提供优质服务,从而使游人在离开迪斯尼乐园以后仍然可以感受到他们服务的周到。他们调查发现,平均每天大约有2万游人将车钥匙反锁在车里。于是他们抓住了这个细节,公司雇用了大量的巡游员,专门在公园的停车场帮助那些将钥匙锁在车里的家庭打开车门。无须给锁匠打电话,无须等候,也不用付费。正是这样一个小小的细节,让成千上万的游客感受到迪斯尼公司无微不至的服务。

迪斯尼公司的服务意识与其产品一样优秀,因为公司内部流传一种"晃动的灯影"理论。所谓"晃动的灯影",也是迪斯尼公司企业文化的一部分。这一词汇源自该公司的动画片《兔子罗杰》,其中有个人物不小心碰到了灯,使得灯影也跟着晃动。这一精心设计,只有少数电影行家才会注意到。但是,无论是否有人注意到,这都反映出迪斯尼公司的经营理念一直臻于至善,从而使迪斯尼公司越来越深入人心。

可见,这是一个细节制胜的时代:

国际名牌POLO皮包凭着"1英寸之间一定缝满8针"的细致规格,20多年在皮包行业立于不败之地;德国西门子2118手机靠着附加一个小小的F4彩壳而使自己也像F4一样成了万人迷……

细节造就完美。世上不可能有真正的完美,但无论企业也好,人也好,都应该有一个追求完美的心态,并将其作为生活习惯。目前,很多企业虽然有远大的目标,但在具体实施时,由于缺乏对完美的执著追求,事事以为"差不多"便可,结果是:由于执行的偏差,导致许多"差不多的计划"到最后一个环节已经变得面目全非。

　　企业经常面对的都是看似琐碎、简单的事情，却最容易忽略，最容易错漏百出。其实，无论企业也好，个人也好，无论有怎样辉煌的目标，但如果在每一个环节连接上，每一个细节处理上不能够到位，都会被搁浅，而导致最终的失败。"大处着眼，小处着手"，与魔鬼在细节上较量，才能达到管理的最高境界。

　　所以，世界级公司之间的竞争，其实就是细节的竞争。让每一个细节都将公司的理念发挥到极致，就形成了特色。有特色才能生存，才能壮大。细节无处不在，细节才能真正使企业的发展实现从 0 到 1 的质变。

　　不厌其烦地拾起细碎的石块，日积月累构筑起来了高耸雄伟的城堡。只有站在城堡俯瞰脚下的壮美景色时，你才会体味到小事是多么重要。"不积跬步，无以至千里。不积细流，无以成江海"。成功从来都不是一蹴而就的，成功需要不断积累。

战略中的细节要害

当今社会,企业越做越大,大得以前不敢想象,但不知道你有没有注意到,在这大的背后,企业对细节的重视度越来越高。其实这种现象是必然的。因为战略决定命运,而当今企业的战略往往就是"从细节中来,到细节中去"。这包含两个主要因素:

1. 越能把握细节,战略定位越准确。

战略管理大师迈克尔·波特认为:战略的本质是抉择、权衡和各适其位。

所谓"抉择"和"权衡",就是我们所谈的每个战略制定前的调研分析,以便作出最后决定的过程;"各适其位"就是对战略定下来以后的具体细节的执行过程。那么,这个前期的过程,拆开来看,就是对每一个细节的关注。

兰德(RAND)公司是当今美国最负盛名的决策咨询机构,一直高居全球十大超级智囊团排行榜首。它的职员有1000人左右,其中500人是各方面的专家。兰德公司影响和左右着美国政治、经济、军事、外交等一系列重大事件的决策。

1950年,朝鲜战争爆发之初,就中国政府的态度问题,兰德公司集中了大量资金和人力加以研究,得出7个字的结论:"中国将出兵朝鲜。"作价500万美元(相当于一架最先进的战斗机价钱),卖给美国对华政策研究室。研究成果还附有380页的资料,详细分析了中国的国情。并断定:一旦中国出兵,美国将输掉这场战争。美国对华政策研究室的官员们认为兰德公司是在敲诈,是无稽之谈。

后来,从朝鲜战场回来的麦克阿瑟将军感慨地说:"我们最大的失误是舍得几百亿美元和数十万美国军人的生命,却吝啬一架战斗机的代价。"

事后,美国政府花了200万美元,买回了那份过时的报告。

"中国将出兵朝鲜"7个字,字字无价。那380页的资料是兰德公司不知研究了多少细节问题才总结出来的。

军事上的战略决策要从研究每个细节中来,商战中的战略决策也同样如此。

麦当劳在中国开到哪里,火到哪里。令中国餐饮界人士又是羡慕,又是嫉妒。可是我们有谁看到了它前期艰苦细致的市场调研工作呢?麦当劳进驻中国前,连续5年跟踪调查。内容包括中国消费者的经济收入的情况和消费方式的特点,提前4年在中国东北和北京市郊试种马铃薯,根据中国人的身高体形确定了最佳柜台、桌椅和尺寸,还从香港麦当劳空运成品到北京,进行口味试验和分析。开首家分店时,在北京选了5个地点反复论证、比较,最后麦当劳进军中国,一炮打响。这就是细节的魅力。

众所周知,美国是"车轮上的国家",汽车普及率居全球首位,每100人平均有约60辆车,目前在全美国有超过1亿辆车在行驶着。美国每年销售新车约1400万辆,是全球最庞大的单一汽车市场,所以美国又是全世界汽车业最重要、竞争最激烈的地方。

但是美国在汽车界龙头老大的地位逐渐在20世纪70年代石油危机之后发生了动摇,这主要是因为日本小型汽车的崛起。从70年代到90年代,日本汽车大举打入美国市场,势如破竹,给美国汽车市场造成巨大损失,追究其中的根源,就是在于日本汽车企业制定了"一切围绕细节"的战略决策。

丰田公司在汽车的调研这件事上,也表现出了日本人特有的精细。发生在20世纪90年代的一件小事,说明了丰田公司市场调研的精细程度:

一位彬彬有礼的日本人来到美国,没有选择旅馆居住,却以学习英语为名,跑到一个美国家庭里居住。奇怪的是,这位日本人除了学习以外,每天都在做笔记,美国人居家生活的各种细节,包括吃什么食物、看什么电视节目等,全在记录之列。3个月后,日本人走了。此后不久,丰田公司就推出了针对当今美国家庭需求而设计的价廉物美的旅行车,大受欢迎。该车的设计在每一个细节上都考虑了美国人的需要,例如,美国男士(特别是年轻人)喜爱喝玻璃瓶装饮料而非纸盒装的饮料,日本设计师就专门在车内设计了能冷藏并能安全放置玻璃瓶的柜子。直到该车在美国市场推出时,丰田公司才在报上刊登了他们对美国家庭的研究报告,并向那户人家致歉,同时表示感谢。

正是通过这样系列细致的工作,丰田公司很快掌握了美国汽车市场的情况,5年以后,丰田终于制造出了适应美国需求的轿车——可乐娜。有一个关于可乐娜的广告宣传片是这样的:一辆可乐娜汽车冲破围栏腾空而起,翻了几个滚后稳稳落地,然后继续向前开。马力强劲、坚固耐用、造型新颖,同时价格低廉(不到2万美元)的可乐娜推向美国后获得巨大成功。当年丰田汽车在美国销售达3000多辆,是上年的9倍多。此后10年丰田汽车公司在美国不断扩展市场份额,1975年时已成为美国最大的汽车进口商,到1980年,丰田汽车在美国的销售量已达到58000辆,两倍于1975年的销售量,丰田汽车占美国进口汽车总额的25%。1999年,丰田公司在日本占据的市场份额从38%增加到40%以上,丰田还占据了东南亚21%的市场,差不多是最接近它的三菱汽车公司的两倍。

试想:如果日本丰田公司不做如此细致、准确的市场调研的话,能有现在这样辉煌的业绩吗?

2. 再好的战略也必须落实到每个细节的执行上。

好的战略只有落实到每个执行的细节上,才能发挥作用。也就是迈克尔·波特说的"各适其位"。

张先生在不到一年的时间中,在"宝岛眼镜连锁店"的两次经历让他在商业氛围中产生了真正的"感动"。第一次是在2003年5月初,那时张先生刚从南方来到现在工作的城市,对这个城市还不大了解。一天,路过"宝岛眼镜",想起自己的眼镜架最近几天有点紧,压迫着太阳穴,很不舒服,径直走了进去。

刚进门,店内服务人员就向他问好,并询问他需要什么帮助。说明来意之后,服务人员把他领到一个柜台前,告知该柜台可以提供所需要的服务。由于柜台旁人很多,服务人员便让他坐在柜台附近的椅子上。坐下不久,服务人员端来一杯微微冒着热气的茶水,微笑着说:"先生,先喝杯茶,桌子上的杂志您可以翻阅翻阅。很快就可以轮到您的。"张先生一边道谢,一边接过服务人员手中的纸杯。于是,一边喝水,一边翻阅杂志。没等多久就轮到了他,工作人员耐心地为他调整眼镜架的宽度,一次次试戴,直到他的感觉舒适为止。他很为工作人员发自内心的真诚感动,甚至感觉自己真的做了一回"上帝"。于是,提出付费,工作人员却微笑着说:"这些服务是免费的。"但是,张先生仍然过意不去,再三提出付费的请求,但是工作人员坚持拒绝收取服务费用。

2004年1月上旬,张先生的镜架又出现不适的感觉:一边高,一边低。想起宿舍附近也有一家"宝岛眼镜",便打算第二天去修一修。但是,考虑到服务免费的问题，又有一些说不出的"难为情"。不过，想到镜架价值较高，最终还是决定去"宝岛眼镜"维修镜架。恰巧，第二天天气很冷，走进"宝岛眼镜"同样是一张张笑脸，询问可以提供什么样的帮助后，带领他到相关柜台，并搬来椅子让他坐下。不到一分钟，一位先生端来一杯热茶。张先生端在手中，明显地感觉到温度高于2003年5月那杯，联想到当天的室外温度，张先生顿时明白了这杯茶的温度所蕴涵的真诚：细微之处替顾客着想。一想到此，另一种决定油然而生：下一次配镜一定选择"宝岛眼镜"。这是他发自内心的感动和决定，就像"宝岛眼镜"的真诚服务来自心灵深处一样。

关于海尔成功的秘密，张瑞敏这样说道："许多到海尔参观的人提出的问题跟企业管理最基础的东西离得太远，总是觉得好的企业在管理上一定有什么灵丹妙药，只要照方抓药之后马上就可以腾飞了。好的思路肯定非常重要，但饭要一口一口地吃，基础管理要一步一步地抓起来。"

海尔要求把生产经营的每一瞬间管住。在海尔，从上到下，从生产到管理、服务，每一个环节的控制方法尽管不同，却都透出了一丝不苟的严谨，真正做到了环环相扣，疏而不漏。如海尔生产线的10个重点工序都有质量控制台，每个质量控制点都有质量跟踪单，产品从第一道工序到出厂都建立了详细档案，产品到用户家里，如果出了问题，哪怕是一根门封条，也可以凭着"出厂记录"找到责任人和原因。

所以说，战略和战术、宏观和微观是相对的，战略一定要从细节中来，再回到细节中去；宏观一定要从微观中来，再回到微观中去。

那些对琐事不屑一顾，处理问题时消极懈怠的人，却没有几个人是成功的。这类人往往好高骛远，眼高手低，成功对于他们而言，是等待一个天上掉馅饼的机会。

万事之始，事无巨细

有三个人去一家公司应聘采购主管。他们当中一人是某知名管理学院毕业的，一名毕业于某商院，而第三名则是一家民办高校的毕业生。在很多人看来，这场应聘的结果都是很容易判断的，然而事情却恰巧相反。应聘者经过一番测试后，留下的却是那个民办高校的毕业生。

在整个应聘过程中，他们经过一番测试后，在专业知识与经验上各有千秋，难分伯仲。随后招聘公司总经理亲自面试，他提出了这样一道问题，题目为：假定公司派你到某工厂采购4999个信封，你需要从公司带去多少钱？

几分钟后，应试者都交了答卷。

第一名应聘者的答案是430元。

总经理问："你是怎么计算呢？"

"就当采购5000个信封计算，可能是要400元，其他杂费就算30元吧！"答者对应如流。

但总经理却未置可否。

第二名应聘者的答案是415元。

对此他解释道："假设5000个信封，大概需要400元左右，另外可能需用15元。"

总经理对此答案同样没表态度。

但当他拿第三个人的答卷，见上面写的答案是419.42元时，不觉有些惊异，立即问："你能解释一下你的答案吗？"

"当然可以，"该同学自信地回答道，"信封每个8分钱，4999个是399.92元。从公司到某工厂，乘汽车来回票价10元。午餐费5元。众工厂到汽车站有一里半路，请一辆三轮车搬信封，需用3.5元。因此，最后总费用为419.42元。"

总经理不觉露出了会心一笑，收起他们的试卷，说："好吧，今天到此为止，明天你们等通知。"

其实，工作就是由无数琐碎、细致的小事组成的，人们也是在这无数平凡的小事中创造不平凡的业绩的。这种重视细节的态度无论对个人还是企业都是有益的。

当宝洁公司刚开始推出汰渍洗衣粉时，市场占有率和销售额以惊人的速度向上飙升，可是没过多久，这种强劲的增长势头就逐渐放缓了。宝洁公司的销售人员非常纳闷，虽然进行过大量的市场调查，但一直都找不到销量停滞不前的原因。

于是，宝洁公司召集了很多消费者开了一次产品座谈会，会上，有一位消费者说出了汰渍洗衣粉销量下滑的关键，他抱怨说："汰渍洗衣粉的用量太大。"宝洁的领导们忙追问其中的缘由，这位消费者说："你看看你们的广告，倒洗衣粉要倒那么长时间，衣服是洗得干净，但要用那么多洗衣粉，算计起来更不划算。"听到这番话，销售经理赶快把广告找来，算了一下展示产品部分中倒洗衣粉的时间，一共 3 秒钟，而其他品牌的洗衣粉，广告中倒洗衣粉的时间仅为 1.5 秒。

就是在广告上这么细小的一点疏忽，对汰渍洗衣粉的销售和品牌形象造成了严重的伤害。这是一个细节制胜的时代，对于自己的工作无论大小，都要了解得非常透彻，数据应该非常准确，事实也应该非常真实，这样才能脚踏实地完成宏伟的目标。

美国绝大部分企业家都知道一些十分精确的数字：比如全国平均每人每天吃几个汉堡包、几个鸡蛋。之所以要了解得这么清楚，是因为他们想确保细节上多方面的优势，不给竞争者可乘之机，哪怕是一些细枝末节的漏洞。

只要保证产品在一比一的竞争中获胜，那么整个市场的绝对优势就形成了，而这些恰恰是市场拓展的精髓所在；要打败对手，唯有做到比对手更细！

在市场竞争日益激烈残酷的今天，任何细微的东西都可能成为"成大事"或者"乱大谋"的决定性因素。家乐福单是在选择商圈上就可谓细致入微，它通过 5 分钟、10 分钟、15 分钟的步行距离来测定商圈；用自行车的行驶速度来确定小片、中片和大片；然后对这些区域再进行进一步的细化，某片区域内的人口规模和特征，包括年龄分布、文化水平、职业分布以及人均可支配收入等。如此细微的规划和考察，是家乐福一直保持在零售业第一梯队的关键原因之一。

类似的以细节取胜的经营之道逐渐成为一种流行的趋势,例如,很多餐厅准备了专供儿童使用的"baby 椅",客人吃完螃蟹后滚烫的姜茶便端送到其手中;商场在晚上关门前会播放诸如《回家》之类的音乐,让客人在萨克斯的情调中把轻松带回家……

在这么多例子中,能够把细节服务做到极致的是诺顿百货公司,这家由 8 家服装专卖店组成的百货公司,靠的就是细节服务取胜而不是削价赢利的竞争策略。诺顿百货公司的细节化服务有:

· 替要参加重要会议的顾客熨平衬衫。
· 为试衣间忙着试穿衣服的顾客准备饮食。
· 替顾客到别家商店购买他们找不到的货品,然后打七折卖给顾客。
· 在天寒地冻的天气里替顾客暖车。
· 有时甚至会替顾客支付交通违章的罚款。

诺顿公司的总裁约翰先生在服务的细节上起到了带头作用,在高峰时间他从不占用可以多容纳一位顾客的电梯,而是从楼梯走上走下。

在诺顿百货公司的细致服务下,大批的忠实顾客都喜欢把自己称为"诺家帮",诺顿百货公司也因此长盛不衰。可以说,做事情就是做细节,任何细微的东西都可能成为"成大事"或者"乱大谋"的决定性因素。

张瑞敏在 1996 年海尔正在快速发展时还一再强调:"目前,我们的一些中层干部目标定得很大,但工作不细,只在表面上号召一下,浮浮夸夸,马马虎虎,失败了不知错在何处,成功了不知胜在何处,欲速则不达。"**他的行动风格是,凡欲成就一件大事,事先都要做艰苦、周密的策划工作,对过程还要进行严密的监控。**

可见,在海尔,细节的重要在领导人的头脑里简直就是关键因素,正是这种注重细节的严谨精神,使海尔获得了巨大的成功。

 心灵悄悄话 ✳

要想成绩出色,出类拔萃,每一项基本的工作都须以"杀鸡用牛刀"的精神做得尽善尽美,不放过任何细节,否则就会功亏一篑。

第三篇

注重细节沟通更轻松

　　日本的"经营之神"松下幸之助就说过："企业管理，过去是沟通，现在是沟通，未来还是沟通。"注重沟通细节，可以驱走事业的寒风。沟通是维护人际关系的基础，是人生成功的有力保障，是现代人才的必备素质。

　　拥有良好人际关系的人，往往左右逢源。沟通像引擎一般，不自己打火就永远不会发动。沟通是一门哲学，需要你用心去品读。审慎地运用沟通魔棒，你就可以轻易地把敌人变成挚友。所以，为了事业的成功，赶快主动打开一扇沟通之门吧。

善于沟通，人生不受阻

　　沟通，是维护人际关系的基础，是人生成功的有力保障，是现代人才的必备素质。尽管事业的成功是一个人才智、能力、毅力、机遇等各种因素综合作用的结果，但沟通能力也是至关重要的。因为任何一项工作都需要若干人共同完成。如何发挥团队的作用，需要交际，需要沟通。只有善于沟通，你才能与周围的人团结协作，把工作圆满地完成。不善沟通的人，必将处处受阻。

　　周恩来总理为人处世很讲究原则性，也很注重灵活性。很多情况下，他更多的是刚柔相济，巧妙地把原则性与灵活性结合起来。他性格和蔼，待人宽厚，善解人意，处理事情分寸适度，方式恰当。在革命年代和新中国建设时期，在很多时候，周总理灵活机智地巧妙斡旋，把方方面面的关系一一理顺，并应付得恰到好处。在国人心中，周恩来总理一直是一位文雅谦和的领袖。

　　早在 1924 年，周恩来担任黄埔军校政治部主任时，就与黄埔学生建立起了深厚的友谊。这些学生对周主任渊博的学识、高尚的人品及干练、务实的作风印象非常好。因此，在黄埔军校一期学生之中，有很多人被周恩来感化，加入共产党的队伍当中。时隔 20 年，在解放战争时期，郑洞国、宋希濂、陈明仁、曾泽生等一大批黄埔出身的国民党将领，在共产党人的感召下，纷纷起义，带领队伍回到了人民的怀抱。这里面，周恩来折冲樽俎，起了重要的作用。

　　周恩来用人格魅力织就的人际关系，在险恶的斗争环境之中，不止一次帮助他脱离险境。下面就是其中一例。

　　1930 年，周恩来曾经在哈尔滨遇险，得到同学蔡时杰救助脱险。周恩来与蔡时杰是天津南开同学，二人属于肝胆之交。东北"九一八"事变发生后，日本人占据了东三省，大肆搜捕抗日志士。此时周恩来由欧洲回国，因为被日本特务追踪，所以他化装成一个铁路工人，来到哈尔滨，找到蔡时杰。蔡时杰有个朋友在丹麦领事馆服务，因为领事馆有治外法权，日本人不能前来搜捕，所以他把周恩来藏在馆中一个工人住的小楼上。怕日本人知道，蔡时杰又托好友冯蕴山探听外面风声。冯蕴山打探到日本特务机关早已获悉了周恩来到哈尔滨的消息，正在抓紧搜捕，但是因为不认识其面貌及住处，而仍无所获。蔡时杰得知后，觉得这里太危险，决定把周恩来尽快送走。

蔡时杰准备了很多钱，送周恩来脱险。临走时，周恩来穿了一身工人的服装，夹个面袋子，混入工人群中上了火车。蔡时杰挥手作别，久久目送……

新中国成立后，周总理得知好友已经去世，唏嘘感慨之余，对蔡时杰的家人照顾得非常好。

周恩来总理被许多人视为楷模。周总理是一个善于沟通的人。在新中国成立前，不管是处理党内事务，还是与国民党谈判，他都是游刃有余。卓越的沟通能力让他在谈判中取得巨大的成功，也让他在党内外都拥有良好的人际关系。

新中国成立后，作为国家总理兼外交部部长，周恩来在国际政坛上叱咤风云，展示了中国的大国形象。特别是他提出"求同存异"的方针，赢得国际政坛的赞誉。在国内，他与人民打成一片，深受人民的爱戴。除了周恩来自身优秀的品质外，他善于沟通的能力起到了巨大的作用。

周恩来一生接触的人，数不胜数。无论是普通的工人、农民、教师还是战士、售货员，无论是将军、部长还是学者、社会名流，无论是外国元首还是普通官员，都对他高超的处世艺术赞叹不已，为他巧妙的交际方式所折服。

不善于沟通，不懂得与周围的人处理好关系的人，往往会葬送自己的事业。因为事业的发展，需要你与团队共同努力，单靠自己个人的奋斗是不行的。而与人协作，不懂得沟通，不善于沟通，注定是要走入死胡同的。

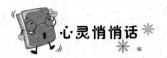 **心灵悄悄话**

细节虽然像沙粒一样微不足道，很容易被忽视，但"泰山不拒细壤，故能成其高；江海不择细流，故能就其深"，细节之于星光大道是一粒粒石子，是构筑金字塔的一块块方石。

交流其实很简单

《南国今报》曾登载过因为医患双方交流有误而导致的一起严重冲突。

一天晚上,柳州市32岁的市民何先生,由于淋巴结肿大到柳州市人民医院就医。他在医院打了吊针,但病情没有明显好转,便于次日下午找医院的吴医生复诊。从药房领药出来,何先生发现没有拿到注射单,于是再次找到吴医师。吴医师说:"没事的,直接把药给注射护士就行了。"

因为注射室里打针的患者太多,何先生就先回家吃了晚饭,晚上7时50分回到人民医院,排队打针。排队约1个小时,轮到了何先生。值班护士小蒋发现没有注射单,处方上的药物也进行了修改,为慎重起见,她说暂时不能给何注射。何先生本就因为患病而心情不好,再加上排了很长时间的队,他激动起来,大声说是医生交代的,直接把药给护士就行。小蒋让何先生说话小声点,她也患着胸膜炎,带病上班,大声说话胸口就痛。何先生盛怒之下,以为小蒋是托辞,就说:"你带病上班,关我什么事?"一句话引起了双方进一步的口角。小蒋拒绝为何先生注射,何先生拿起桌上的塑料吊瓶和盒装针剂,重重地摔在地上,针剂玻璃瓶碎片飞溅到小蒋脚上。隔着鞋子,她并没受伤。何先生又挥拳扑向小蒋,被医生劝开。

小蒋拿着处方单去找吴医师问个明白。这时,小蒋的丈夫打来电话,小蒋向丈夫哭诉了自己的委屈。她丈夫急忙带着3个朋友赶到医院,想找何先生理论。在注射室内,小蒋一指对方:"就是他!"还没等众人反应过来,两个朋友就扑向何先生,拳脚相加。一个叫"老肥"的人拿起木凳,向何先生猛砸。

派出所民警接到报警赶到现场,小蒋丈夫带来的3个朋友已经离开医院。民警将双方当事人带回派出所调查。何先生被打伤的右手经诊断,为"第二掌骨基底部一骨块稍分离",被打上了厚厚的石膏。

经民警调解,双方都明白了原是误会一场。小蒋夫妇愿意承担何先生受伤检查治疗的所有费用,态度诚恳,双方都愿意平心静气地坐下来协商解决问题。民警说,本来误会并不大,由于双方不冷静,才给大家带来了不必要的麻烦。

人不可能孤立地生活在这个世界上,人与人之间互相沟通,互相理解,是非常重要的。

沟通是指人与人之间、人与群体之间,思想与感情的传递和反馈,以求思想达成一致和感情通畅。生活中的沟通无处不在。我们与每一个人的对话,就是在沟通:为了买想要的东西,与商家沟通;为了出去游玩,要与朋友沟通;为了完成一个项目,要与同事沟通;为了自己的工作需求,要与领导沟通,等等。

如果不善于沟通,而是鲁莽地自行其是,生活中必将处处碰壁。只有学会沟通,与周围的人妥善地沟通,才能把生活和工作安排得井然有序。

然而,许多人觉得沟通是一件痛苦的事情,和很多人说话都是"有理说不清"。其实这是很正常的。人与人的沟通存在障碍,一是由于个人的性格、经历、见闻的不同,对同一个问题甚至同一句话的理解会产生差异;二是由于语言的局限性,人们没法百分百地表达内心的意思。这是客观存在的因素,但丝毫不影响人们的沟通能力。

沟通能力并不是与生俱来的,而是需要经过后天的锻炼。沟通能力,其实就是了解别人的能力,包括了解别人的需要、渴望、能力与动机,并给予适当反应。只要你注意以下几个沟通细节,就会发现,人与人的交流是很简单的事情。

1. 学会倾听。

倾听是沟通的第一要义。小说《红顶商人》的主人公胡雪岩,在清末的杭州开银号当铺、办船厂、倒卖生丝、筹军饷、做房地产、开药店,最后富甲天下,官至二品顶戴。作者高阳在描述胡雪岩时,这样写道:

"其实胡雪岩的手腕也很简单。胡雪岩会说话,更会听话。不管那人是如何言语无味,他都能一本正经,两眼直视,仿佛听得极感兴味似的。同时,他也真的是在听,紧要关头补充一两语,引申一两义,使得滔滔不绝者,有莫逆于心之快,自然觉得投机而成至交。"

胡雪岩,驰骋官场、商场,畅通无阻,其丰富的人脉让他左右逢源,可以说,他是一个极其善于沟通的人。而这样的人，最关键就在于他善于倾听。学会倾听，你就能把握对方的意思，赢得对方的尊重，这在沟通中是最为重要的。沟通，切忌只顾自己夸夸其谈。

2. 学会赞扬。

适时赞美别人也是沟通的妙法。

深谙沟通之道的卡耐基知道，一个善于赞美他人的人，能够妥善处理日常工作中的矛盾，所以才不惜高薪聘请夏布。

卡耐基为自己写的墓志铭是这样的："这里躺着一个人，他懂得如何让比他聪明的人更开心。"是赞美他人，为卡耐基赢得良好的人际关系，从而为自己的事业保驾护航。

3. 学会关怀。

人与人的沟通，最重要的是真诚。有一个关于钥匙的故事。

一把坚实的大锁挂在大门上，一根铁杆费了九牛二虎之力，还是无法将它撬开。钥匙来了，它瘦小的身子钻进锁孔，只轻轻一转，大锁就"啪"地一声被打开了。铁杆奇怪地问："为什么我费了那么大力气也打不开，而你却轻而易举地就把它打开了呢?"钥匙说："因为我最了解它的心。"

每个人的心，都像上了锁的大门，任你再粗的铁棒也撬不开。唯有关怀，才能把自己变成一只精巧的"钥匙"，进入别人的心中，打开心门。所以你在沟通时，一定要多为对方着想，以心换心，以情动人。

其实，只要你用心与他人交流，善于倾听他人的诉说，而非只顾自己夸夸其谈;善于发现别人的长处，适时地赞美他人;学会用心去与他人交往，真诚地关怀别人，你会发现，人与人的交流是一件简单的事情。

心灵悄悄话

细节决定成败。在当今中国，想成功的人很多，但愿意把小事做好的人很少。须知伟业固然令人神往，但构成伟业的却是许许多多毫不起眼的细节。只有做好每一个细节，才有可能成就伟业。我们唯有改变心浮气躁、好高骛远的毛病，脚踏实地，从小事做起，注重细节，方能成功。

要主动与他人沟通

你在事业的发展中,需要与他人沟通,来为自己扫除发展道路中存在的障碍。职场中,主动地去跟别人沟通极为重要。每个人都应该学会把自己的想法坦率地和上级交流,以获得反馈和解决。

卡特是美国金融界的知名人士。他初入金融界时,他的一些同学已在业内担任高级职务,也就是说,他们已经成为老板的心腹。当卡特向他们寻求建议时,他们教给卡特一个最重要的秘诀:一定要积极地与上司沟通。

很多人常抱怨自己怀才不遇,没有受到领导的重视,老板没有认识到他的作用。而很多推销人员总是发现,与人沟通是那么困难,要建立一个广阔的人脉更是遥遥无期。其实,一切都是因为你不够主动。只有主动出击,才能赢得良好的沟通效果。

"世界上最伟大的推销员"乔·吉拉德曾做过关于人脉积累的演讲。演讲前,听众们不断地收到乔·吉拉德助理发过来的名片,在场的两三千人每人都有好几张。等演讲开始后,乔·吉拉德的动作却是把他的西装打开来,至少撒出了三千张名片在现场。一撒出这个名片,全场更是疯狂。他说:"各位,这就是我成为世界第一名推销员的秘诀——演讲结束!"全场掌声雷动。

怎样建立自己广阔的人脉?唯有主动出击。其实,事业中还会遇到很多阻碍,要想跨越这些阻碍,寻求别人的帮助,也需要你主动出击,否则无法达到沟通的效果。

麦当劳风靡全球,在日本有 1.35 万间店,一年的营业总额突破 40 亿美元大关。而造就这一切的,是一个叫藤田田的日本老人,他是日本麦当劳社名誉社长。他当初加盟麦当劳的事例,很让人震撼。

1971 年,藤田田开始创立自己的事业,经营麦当劳生意。麦当劳是闻名全球的连锁速食公司,采用的是特许连锁经营机制,而要取得特许经营资格,是需要具备相当财力和特殊资格的。而当时的藤田田,只是刚出校门没几年、毫无家族资本支持的打工一族,根本就无法具备麦当劳总部所要求的"75万美元现款"和"一家中等规模以上银行信用支持"的苛刻条件。

只有不到5万美元存款的藤田田,看准了美国连锁饮食文化在日本的巨大发展潜力,决意要不惜一切代价,在日本创立麦当劳事业。于是他绞尽脑汁,东挪西借。

事与愿违,5个月下来,他只借到4万美元。面对巨大的资金落差,藤田田决定寻求银行支持。于是,在一个早晨,他西装革履、满怀信心地跨进"住友银行"总裁办公室的大门。

藤田田以极其诚恳的态度,向对方表明了他的创业计划和求助心愿。在耐心细致地听完他的表述之后,银行总裁做出了"你先回去吧,让我再考虑考虑"的决定。

藤田田听后,心里即刻掠过一丝失望,但他马上镇定下来,恳切地对总裁说了一句:"先生,可否让我告诉你,我那5万美元存款的来历呢?"对方答应了。

"那是我6年来按月存款的收获,"藤田田说道,"6年里,我每月坚持存下1/3的工资、奖金,雷打不动,从未间断。6年里,无数次面对过度拮据或手痒难耐的尴尬局面,我都咬紧牙关,克制欲望,硬挺了过来。有时候,碰到意外事故,需要额外用钱,我也照存不误,甚至不惜厚着脸皮四处告贷,以增加存款。这是没有办法的事,我必须这样做——因为在跨出大学门槛的那一天,我就立下宏愿:要以10年为期,存够10万美元,然后自创事业,出人头地。现在机会来了,我一定要提早开创事业……"

藤田田一口气儿讲了10分钟。总裁越听神情越严肃。最后,他向藤田田问明了他存钱的那家银行的地址,然后对藤田田说:"好吧,年轻人,我下午就给你答复。"

送走藤田田后,总裁立即驱车前往那家银行,亲自了解藤田田存钱的情况。柜台小姐了解了总裁的来意后,说了这样几句话:"哦,是问藤田田先生哪。他可是我接触过的最有毅力、最有礼貌的一个年轻人。6年来,他真正做到了风雨无阻地准时来这里存钱。老实说,对这么严谨的人,我真是要佩服得五体投地了!"

听完小姐的介绍后,总裁大为动容,立即打通了藤田田家里的电话,告诉他住友银行可以毫无条件地支持他创建麦当劳事业。藤田田正是靠着银行的前期支持,才开始了自己的麦当劳事业,最终发展到今天的规模。

正是敢于主动出击,大胆地阐述自己的经历及计划,藤田田才能最终获得银行的资助。如果他在中间任何一个环节退却了,那么,他的沟通效果都将大打折扣。人与人相处,只有主动出击,才能把握住时机。人际关系也是一样,只有主动出击,才能取得良好的效果。

沟通就像引擎一般,只有你自己打火,才能发动这个引擎,引领你通往成功的目的地。所以,赶快行动起来,用主动沟通去赢得你良好的人际关系吧!

 心灵悄悄话

生命的意义不在于长短,而在于动人、永恒的细节储存了多少。细节是一个平凡并且微不足道的举动,当时好像并不曾留下什么惊心动魄的烙印,可经过岁月的流逝,有些细节静悄悄地在你的潜意识中扎下了根,融进了你的血液中,死死钻进了你的梦中。每当你闭上眼,生活中这一个个动人的细节都会从冬眠中苏醒过来,串成一个个趣味横生的故事,它们总是和你的喜怒哀乐紧连在一起,勾起你美好的回忆……

教你体会沟通的艺术

用心品读沟通收获大

沟通是一门艺术,更是一门哲学,其复杂深邃的程度可能远超出你的想象。你需要与形形色色的人打交道,要在所有情况下都能得体应对,这可不是一件容易的事情。不过,深谙谈话艺术的人早已为我们树立了典范,你需要用心品读。

比如林肯,这位伟大的美国总统深知该怎样同各种各样的人打交道——无论是老谋深算的本国政客、傲慢无礼的外国元首,还是严谨的科学家、谦卑的农民,他都能同他们愉快地交谈。早在他还没成为总统之前,他那出色的语言艺术就已经远近闻名了。

林肯的朋友,美籍德意志人的领袖卡尔·舒尔茨,在回忆他与林肯初次见面的情形时这样说道:

"火车离开一个小站后,乘客中间突然骚动起来。人们从座位上跳起来,迫不及待地围住一个刚上车的高个子男人,用老熟人的口气向他打招呼:'嗨,亚伯,你好吗?'他热情地回答:'晚上好,本! 你好啊,约翰! 看见你真高兴,迪克!'他不知说了点什么,又引起一阵欢笑。车厢里声音太杂,我听不清他说的话。我的同伴认出了他,叫了起来:'哎哟! 这就是林肯,是他,没错!'他挤过人群,把我介绍给亚伯拉罕·林肯,这是我第一次和他见面……他对我说话的口气又随和又亲切,好像我们是老相识似的……然后我们一起就座。他话音很高,又很悦耳……他的模样、朴实无华的言辞,没有一丁点矫揉造作,也没有任何优越感,让我感到我们好像从小就认识、早就是好朋友。我们交谈时,他经常在谈话里插进新奇的故事,每个故事都切合当时的话题……"

从舒尔茨的描述中,你能找出多少良好的沟通品质?不仅如此,思维敏捷的林肯还懂得怎样同那些来意不善的人打交道。

有一天,一位女士跑进白宫,理直气壮地要求总统能够特别关照自己的儿子,因为她的家族世代为国家效力,她的祖父参加过莱克星顿战役,她的叔父是布拉敦斯堡战役中唯一没有逃跑的人,她的父亲参加过纳奥林斯战役……因此,他要给儿子索要一个上校的职位。

林肯回答说:"夫人,你们一家三代对于国家的贡献实在够多了,我深表敬意。现在你能不能给别人一个报效国家的机会?"这位无理取闹的女士顿时哑口无言。

还有一次,在南北战争期间,有人嫉妒北军统帅格兰特将军,就特地找到林肯打小报告,说格兰特将军"无比跋扈、专横、搞小团体"等,长此以往可能将总统架空。这时候,林肯打断对方,说:"如果格兰特当总统更有利于镇压叛乱,那就让他当总统好了。"听到这样的答复,那位背后说人坏话的人瞠目结舌,沮丧而归。

从林肯的故事中,不知你是否领悟到了一些语言哲学。沟通之所以难,是因为在这个思想与感情的传递和反馈过程中,人们不仅要传达各自的意愿,还希望求得对方的认同。而人又是一种思想复杂的动物,因此,有效地沟通并不容易。

要品读沟通这门哲学,就得先了解沟通时存在的障碍。总的来说,有以下几种:

第一,地位障碍。老人与孩子之间,因为生活观念不同,往往会存在代沟,令沟通无法顺利进行;上司与下属,由于看问题的角度不同,考虑问题的关键不同,往往也会有争执。所以,人们的地位不同,所处的位置不同,看问题的视角不同,沟通自然就存在差异了。

第二,性格障碍。有些人大大咧咧,特别豪爽,而有些人则沉默寡言,不轻易开口。不同性格的人,常常会无法忍受对方的个性。所以,有些人沟通起来觉得极不投机,就是因为彼此性格上的阻碍。

第三,语言表达习惯障碍。有人说话直来直去,直奔问题所在,可以说是一针见血;而有些人则习惯拐弯抹角,跟别人兜圈子,最后才说出本意。不同习惯的人聚在一块,肯定会觉得别扭,沟通起来会有很大的障碍。

第四,语言表达能力差异。 有些人三言两语就能把问题表述清楚,逻辑清晰,让一听就明白;而有些人思维混乱,讲话极为啰唆,让人听起来特别费解。后者也会给沟通造成很大的障碍。

充分明白沟通中可能会存在的障碍,了解这是客观存在的因素,并非他人的恶意,或许我们就能够多点包容、多点理解。沟通,就必须充分尊重对方,友善真诚地与对方交流,这样才能获得对方真诚的回报。

品读沟通,我们不仅需要了解沟通存在的障碍,更要知道沟通普遍遵循的原则。在西方国家,人们总结出这么几条法则:

第一,黑铁法则。 "黑铁法则"要求"投之以桃,报之以李"。通俗一点讲,就是"你怎么对待我,我便怎么对待你"。你若留心观察周围的人,会发现几乎所有人都是遵循"黑铁法则"的。你待人以诚,别人也会友善对你;你若恶言相向,别人会反唇相讥。每个人都有自己的本能防卫意识。所以,要想取得良好的沟通效果,你应该主动地向对方露出友善的微笑。

第二,白银法则。 用我们中国人的话说,叫"己所不欲,勿施于人"。自己所不愿意做的,不要强加于他人。所以,在沟通中,很多人的行为都是无意识的,并没有恶意的。了解这一点,能更好地理解他人。

第三,黄金法则。 即"己所之乐,乐施于人"。以自己喜欢的、认可的方式对待他人。

以上的3条法则,说明了人际交往中,人都是善良的,同时,每个人都是独立而坚强的,容不得别人的欺负。所以,在与他人交流中,你应秉承一颗真诚善良的心,怀着善意与他人沟通,这样才能有很好的效果。

品读"沟通"这门哲学,我们不仅需要了解它理论上的东西,更应该在行动中去把握它。因为沟通是一种实践性的行为,更是一门行为哲学。只要用心去感觉,总有一天,你会完全掌握沟通这门哲学的。

交谈小规则

交谈是人与人之间交流思想、沟通情感和增进友谊的一种手段。因此交谈是人们生活中重要的一个组成部分。愉快而成功的交谈不仅有利于人们在交际中达到预期的效果,而且能使人获得一种精神享受。但是爱说话的人不一定善于与人交流,而不健谈的人也未必不受人欢迎。奥妙就在于是否懂得"交谈规则",即懂得怎样尊重与之交谈的对方,这样才能使交谈得有效、有益而愉快。

一、不要只当说者

交谈就是交流性的谈话,因此交流思想是主要目的。既然是交流,就应该给予对方说话的机会。但是有些人似乎并不想真正理解对方,或者说没有倾听的耐心;只习惯于当演讲者而不习惯于当倾听者,结果使交谈变成了他滔滔不绝独自发挥的演讲,使对方听不进又走不得。有人说:"善于交谈的人实际上就是一个善于倾听的人。"因为,没有倾听,就不能理解,而交流和沟通也就无从谈起。

二、不要随便打断别人

每个人都有自己的讲话习惯。有的人因喜欢从头讲起而显得冗长;有的人因不漏细节而显得啰唆;有的人因取其梗概而不易明了。但无论是否习惯对方的讲话方式,都不应该随便提问或从中插一杠子表述自己的见解。即使对方在表达上没有做到清晰无误、详略得当,或者存在着偏见和错误,也不要随便打断别人的思路而应该等对方说完。

三、不要老是纠正别人

有的人在交谈时似乎并不注意对方想表达的主题,而老是注意别人是否有表述上的错误并且喜欢纠正别人。且不说其纠正得是否正确,就说这种交谈的习惯,也因引起主题外的争论而破坏交谈的气氛。其实日常口语不同于书面语那么规范,只要语言没有引起歧义,这样的纠正是没有意义的。如果是真正需要纠正的,也应该以讨论的方式而不是以争论的方式。

四、不谈别人不感兴趣的事

共同的兴趣是有效交流的基础,正所谓"酒逢知己千杯少,话不投机半句多"。交谈时应该选择双方都较感兴趣的话题,不能只顾自己的谈兴而勉强对方奉陪。比如有些男士喜欢高谈阔论自己的嗜好;有的女士津津乐道于家长里短、自己孩子的聪明等。这类内容往往会使对方感到是在浪费时间,而假装倾听只是出于一种礼貌。鲁迅曾说:"无端地空耗别人的时间无异于谋财害命。"虽说勉强对方倾听不至于是谋财害命,但无视别人的感受实际上就是一种不尊重。

五、不要"接龙"和"填充"

相同的兴趣能促进交流,但也容易引起"接龙"和"填充"。尤其是性急的人,往往对方刚开个头,他就急着替别人讲完或做个补充。对方开了几次头,他就接了几次"龙";对方讲了几句话,他就做了几道"补充题",令对谈兴顿减。其实,同一个话头能引出不同的谈话内容。比如"今天天气很热",可以引出"恐怕会下雨",也可以引出"可惜空调坏了",还可以引出"我有些不舒服",等等。接话头往往会把别人要讲的话题扯开十万八千里,而不恰当的补充还会曲解别人的意思,令人啼笑皆非。

六、不要像个审讯者

有的人倒是很愿意听别人讲话,但是这种倾听是建立在他的提问基础上的。也就是说,这种人往往充当着把握谈话内容的主宰,谈话则以做"问答题"的方式进行:他问,别人答。问题一个接一个地提,对方忙不迭地答。而且常常没等对方答完,后一个问题已紧接着提出来了。这种人只注意捕捉自己所需要的"信息",却不顾对方是否愿意回答或双方是否处于平等的交谈地位,结果使交谈变成了"审讯"。事实上,持这种谈话方式的人因为无法跳出已有的思维框架而未必会有多少收获。

七、不要显示自己或贬低别人

交谈中最忌讳"自我感觉良好"或假装无意地贬低对方。相对来说,前者像井底之蛙,而后者则是不具备起码的交际素质。因为"尺有所短,寸有所长",再"高贵"的人也有其致命的弱点,再"卑贱"的人也有别人所难及之处。因此,自感"高人一头"的人大可免开尊口,也用不着贬低别人。如果自我感觉太良好,不仅显得浅薄,而且因拒人于一步之外也很难与人沟通。

八、不要漫不经心

与人交谈应该集中精神,不能由于自己注意力的分散而迫使别人重复甚至曲解了别人的意思。有些人交谈时不仅因注意力不集中而答非所问或前言不搭后语,而且行为上也表现出了漫不经心。比如在对方讲话时东张西望而却步,一会儿叫住这个,一会儿和那个打招呼;一会儿翻翻这个掏掏那个,一会儿又突然想起了什么事。这些表现都是对说话者的极不尊重。

礼貌交谈实际上是一个人内在修养的一种外在表现,也是人际交往的重要法则。不懂礼貌交谈的人,不仅无法真正与人交流和沟通,而且因为经常地破坏交谈气氛而使乐意与之交谈的人越来越少。于是,又因为缺乏与人交流沟通的机会,从而更不容易被大多数人所理解,那么这个人也就越不容易受人

欢迎和接受。所以，如果我们不希望走进这种恶性循环并且希望与人坦诚相交，那么，我们就应该礼貌交谈。当然，你可以无视这种礼貌交谈的法则，但是你却不能强求别人接受你。换句话说，你有我行我素的权利，别人就有讨厌你的权利。

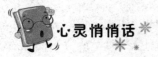

心灵悄悄话

一句刻骨铭心的话语，一个无言的动作，一个……也许，这些细节有人认为是毫无意义的，但我却认为它们具有难以言喻的魅力。谁能想到，一个普普通通的细节竟会决定一切，支配你精神的运动轨迹，成为心灵之路的一个转折点。生命的丰收，就是细节的丰收。没有属于你生命的细节，即便你在物质上是富有的，你在精神上却是十分贫穷的！

第四篇

高效运用你的时间

时间对于不同的人有不同的意义：对于活着的人来说，时间是生命；对于从事经济工作的人来说，时间是金钱；对于做学问的人来说，时间是资本；对于无聊的人来说，时间是债。把握时间，为你的事业掌握制胜先机。

竞争的时代，慢鱼必成腹中食，如果你淡漠时间观念，天才也会变成庸才。所以，分秒细节莫忽视，争分夺秒能生金。但是，你也要切记：效率是衡量成功与否的良好尺度，想一蹴而就、急于求成，最终可能落得一无所有。

抛弃时间的人，时间也抛弃他

时间不待人，用勤奋跟上时间的脚步

古往今来，多少伟人一直在追求自己的目标，最终取得成功。他们以自己的亲身经历，给我们许多启示。许多成功学专家和励志大师也一直致力于探索个人成功背后的秘密。

法国伟大的批判现实主义作家巴尔扎克，在他20余年的写作生涯中，写出了91部不朽的传世之作。在这些作品中，他一共塑造了2400多个不同类型的人物形象，给后世子孙留下了宝贵的艺术珍品。在文学史上，很少有人能与巴尔扎克一样，拥有如此多的作品。为什么巴尔扎克能取得这么大的成功呢？因为巴尔扎克在他有限的生命里，笔耕不辍，急速奔跑。他一般从半夜工作到第二天中午，在椅子上坐12个小时之久，专心写作修改稿件。然后，他从中午到下午四点阅读各种报纸杂志，五点用餐，五点半才上床睡觉，到半夜又起床继续工作。正是这样不停地创作，巴尔扎克才能取得这么大的成功。

巴尔扎克是一个特别重视时间的人。他把时间比作资本。正是由于特别重视时间，时间老人才会为他的成功让路。

大凡有所建树者，都是勤奋进取的人，他们一般要比别人付出更多的汗水。

孙敬是东汉时期著名的政治家。他年轻的时候资质平平，与常人无异。可他却是一个勤奋好学的人，经常关起门，独自一人不停地读书。每天从早到晚读书,废寝忘食。读书时间久了,疲倦得直打瞌睡。他怕影响自己读书学习,就想出了一个特别的办法。古时候,男子的头发很长。他就找一根绳子绑住头发,一头牢牢地绑在房梁上。当他读书时打盹了,头一低,绳子就会牵住头发,这样会把头皮扯痛,马上就清醒过来,继续读书学习。

孙敬能从常人中脱颖而出,逐步走上仕途,实现自己的人生抱负,在于他夜以继日地学习,这让他与别人逐渐拉开了差距,最终成为佼佼者。不努力而想取得成功,那是不可能的。

方仲永的故事几乎所有人都耳熟能详。方仲永是一个神童,绝对的天才。尽管从小无人教习,可是他5岁的时候就能题诗。任何人指定任何物,他都能一挥而就,而且文采飞扬,道理深刻,连村里的秀才们都自愧不如。如此神童,由于其父不再送其深造,而是整天带着他访亲问友,结果未及青年,方仲永的才情与普通人已经没有什么差别了。

为什么一个神童会沦落至此?其实原因很简单:社会在进步,每个人每天都在学习,尽管方仲永之前很有才气,远超过同辈,但是由于他不再学习,最后必然会被别人追上,甚至超越。这就好比一场马拉松比赛,尽管你的起点比别人高,别人在起点起跑时,你已经在中途了,可是如果你停下不跑了,迟早会被别人超过去的。

只有专注于自己的目标,不断地向它奔跑,你才能取得成功。

法拉第中年以后,为了节省时间,把整个身心都用在科学创造上,严格控制自己,拒绝参加一切与科学无关的活动,甚至辞去皇家学院主席的职务;居里夫人为了不使来访者拖延拜访的时间,会客室里从来不放座椅;76岁的爱因斯坦病倒了,有位老朋友问他想要什么东西,他说,我只希望还有若干小时的时间,让我把一些稿子整理好。

成功不是轻易就可取得的,他需要你的勤奋与努力。

确实如此。每个人的天赋大致相当,只有不断地努力,每一天都比别人努力一点,慢慢地积累,日子长了,差距也就拉开了。

青春不是用来挥霍的

人活百年,为什么成就差距那么大呢?有人在这有限的人生中,实现了自己的价值,取得了辉煌的成功;也有人平平庸庸度日,最终碌碌无为地终了一生。同样的时间却是两种完全不同的结果。差距往往在于对时间的不同态度。大凡卓有成就者,都是惜时如命、勤奋进取的人;而碌碌无为的人,大都是不懂得珍惜时间的人。

"业精于勤,荒于嬉;行成于思,毁于随。" 珍惜一点一滴的时间,努力耕耘才能有所收获,否则只能平淡终了一生。时间犹如一位公正的匠人,对于珍惜年华者和虚度光阴者的赐予有天壤之别。珍惜时间的人,它会在你生命的碑石上镂刻下辉煌的业绩;而那些胸无大志的懦夫懒汉,它会让你的生命之路一片空白。

有一个关于沙子和黄金的哲理故事。

一队商人骑着骆驼在沙漠里行走,空中突然传来一个神秘的声音:"抓一把沙粒放在口袋里吧,它会成为金子。"有人听了根本不信,有人将信将疑,抓了一把放在口袋里。他们继续上路,没带沙粒的走得很轻松,而带了的走得很沉重。很多天过去了,他们走出了沙漠,抓了沙粒的人打开口袋,欣喜地发现那些粗糙沉重的沙粒都变成了黄灿灿的金子。其实,时间就是沙漠里的那些沙子。

在我们事业的旅途上,懂得珍惜时间的人,往往会有艰辛的奋斗过程,却能收获丰硕的果实;而虚掷时间的人,尽管能贪得一时的轻松,结果却注定一事无成。

年轻是最大的资本。年轻人的人生旅途刚刚启航,有着大把的时间。有许多人觉得趁年轻就应该及时享乐,否则青春逝去,会给人生留下诸多遗憾。年轻人确实可以做许多疯狂的事情,可以大胆实现自己的计划,但是年轻不应该成为浪费时间的借口。

许多伟人都是在年轻的时候打下了坚实的基础,为日后的成就铺好了道

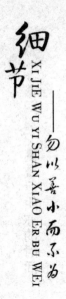

路。我们敬爱的周恩来总理就是一个例子。

周恩来 12 岁时，就随伯父周贻谦到奉天书院读了半年书。秋天，伯父周贻赓接他到沈阳东关模范学校学习。在老师的教育和《革命军》《猛回头》等书刊影响下，他树立起读书救国的大志，争分夺秒地学习新知识。两年后，周恩来考入天津南开学校。初期，他的国文、英文成绩欠佳，但他奋发努力，很快赶上，各科成绩均优。在课外，他也非常关心时事，经常阅读具有爱国民主思想的报刊、书籍，还积极参与敬业乐群会、校风报社、新剧团、演讲会等学生社团的活动，并且担任各种负责人，很好地锻炼了自己的组织协调能力。后来他留学法国，开阔了自己的眼界，锻炼了自己各方面的能力。

周总理如此，成功人士都是如此。孔子 23 岁就开始讲道，最后弟子多达三千，《论语》流传千古；释迦牟尼 19 岁开创佛教，如今佛教成为世界三大宗教之一，信徒过亿；孙中山医科毕业时就投身革命，最终推翻了清朝政府；毛泽东 20 多岁就已心忧天下，关注时事政治，最后开创了一个新中国……伟人们并没有在年轻时虚掷光阴，而是着手武装自己。社会的竞争日益激烈，年轻时浪费时间，你只能被人远远地甩在后面。

"少壮不努力，老大徒伤悲。"年轻时不努力，等到老了，想努力就一切都来不及了。如果不想让自己后悔，那就赶快抓紧时间好好奋斗。只有在年轻时珍惜时间，不断地学习新知识、新技能，把自己武装成为新世纪的优秀人才，我们才能取得最后的成功。

心灵悄悄话

每个细节就如你一笔一画的字，写入你生命的笔记本，记录着你的一生，珍藏在心底。一部没有细节的小说或电影，是枯燥乏味的，同样，在我们人生中，一个没有细节的人也是索然无味的，就像一张崭新的白纸，是打动不了人的。一个个细节都被编纂成了你生活当中的一本教科书，使生命的动人之处更动人。

今天是最可贵的也是最易丧失的

不要让你的今天空虚而过

有人说："聪明的人，今天做明天的事；懒惰的人，今天做昨天的事；糊涂的人，把昨天的事也推给明天。" 想到达明天，现在就得启航。想获得事业成功的人必须学会马上行动。拖延的恶习是人最大的敌人。因为许多计划都会在蹉跎中搁浅，最后不了了之。你错过了今天，注定会继续错过明天。

比尔·盖茨说："凡是将应该做的事拖延下来而不立刻去做、想留待将来再做的人总是弱者。"凡是有力量、有能耐的人，都会在对一件事情充满兴趣、充满热忱的时候，立刻去做。搁着今天的事不做，而想留待明天，只会在拖延中白白耗去时间、精力。

一位年轻的女士怀孕时，打算给腹中的孩子织一身毛衣毛裤，于是在丈夫的陪同下，买了一些颜色漂亮的毛线。可是她迟迟没有动手，有时拿起那些毛线编织时，她会告诉自己："现在先看一会儿电视吧，等一会儿再织。"等到她说的"一会儿"过去之后，丈夫已经下班回家了，于是她又把这件事情拖到明天，原因是"要陪着丈夫聊聊天"。等到孩子快要出生了，那些毛线还像新买回时那样放在柜子里。丈夫因为心疼妻子，所以并不催她。后来，婆婆看到那些毛线，告诉儿媳想替她织了。可是她却表示一定要自己亲手织给孩子，只不过现在又改变了主意，想等孩子生下来之后再织。她说："如果是女孩子，我就织一件漂亮的毛裙，如果是男孩，就织毛衣毛裤，上面一定要有漂亮的卡通图案。"婆婆只好作罢。

时间很快过去，孩子生下来了，是个漂亮的男孩。在初为人母的忙忙碌碌中，孩子一天一天地渐渐长大。很快孩子就1岁了，可是他的毛衣毛裤还没有开始织。后来，这位年轻的母亲发现，当初买的毛线已经不够给孩子织一身衣服了，于是打算只给他织一件毛衣。不过打算归打算，却迟迟没有动手。

孩子2岁时，毛衣依然没有织。

孩子3岁时，母亲想，也许那团毛线只够给孩子织一件毛背心了，可毛背心还是没有织成。渐渐地，这位母亲想不起来这些毛线了。

孩子开始上学了。有一天，孩子在翻找东西时发现了这些毛线，可惜毛线已被虫子蛀蚀。孩子便问妈妈这些毛线是干什么用的，此时妈妈才又想起自己曾经憧憬的、漂亮的、带有卡通图案的花毛衣，只是它一直存在自己的脑海中。

这是一个典型的一拖再拖，最后一事无成的例子。年轻的女士空有自己的打算，却迟迟没有动手。每次自己设定的计划时间到达，她会给自己找理由，把计划延期，并且不时地做调整。所以，最后孩子上学了，毛衣还是没有织出来。其实，这种情形在我们周围是很常见的。许多人都有很大的抱负与计划，但是很多年过去了，依然没有实行。因为生活有着许多的琐事，不断地干扰他，让他把计划暂时搁浅，最后只能不了了之。

西班牙作家塞万提斯说："取道于'等一会'之街，人将走入'永不'之室。"这是一句至理名言。有了计划而不去马上执行，最后必然没法执行。往往有许多的理由让我们暂且搁置计划，我们以为明天去执行也来得及，可是往往明天又会有新的阻碍，所以最后只能让它无限延期。古往今来，所有成功人士都具备马上行动的素质。

这是个快鱼吃慢鱼的时代

两个年轻人出外游玩，在树林里过夜。早上，突然树林里跑出一头大黑熊，两个人中的一个忙着穿球鞋，另一个人对他说："你把球鞋穿上有什么用？我们反正跑不过熊啊！"忙着穿球鞋的人说："我不是要跑得快过熊，我只是要跑得快过你。"

这个故事听起来很"冷"，但现实社会的竞争就是如此残酷。我们面对的，是一个充满变数、竞争激烈的世界。"大鱼吃小鱼"的时代过去了，现在是"快鱼吃慢鱼"的时代。哪怕几秒钟的时间，都会改变你的人生路径。

市场竞争异常激烈，市场风云瞬息万变，市场信息流动传播速度大大加快。谁能抢先一步获得信息、抢先一步做出应对，谁就能捷足先登，独占商机。因此，在这"快者为王"的时代，速度已成为企业的基本生存法则。只有"快鱼"才有生存的空间，"慢鱼"只能成为别人的腹中食。

1981 年，通用公司发现日本一家汽车厂商生产的某种微型汽车，成本要比自己低几千美元。可是，他们没有做出任何反应。过了一年之后，直到 1982 年，通用才意识到自己应该做点什么来和日本人竞争。于是，一年前的问题这时候被提上了日程。可是又过了 3 年，1985 年，生产新型微型车的土星公司才终于成立。5 年之后，1990 年，第一辆土星汽车才"千呼万唤始出来"！从 1981 年到 1990 年，发现问题、制定决策并予以执行，竟然花了 9 年的时间！生产一辆微型车真的需要那么久吗？要知道，在和苏联的军备竞赛中，美国人将火箭送入太空也仅仅用了 4 年时间，生产一辆车无论如何也不会比发射火箭更难吧？

这种"慢鱼"行为的结果如何呢？我们来看一组数字吧：1980 年的时候，在美国市场上，通用汽车的市场份额是 40%；1990 年，这个数字变为 20%。失去的那部分市场份额，大部分都源自微型车市场。而且，1990 年前后，通用汽车的北美分部始终都是亏损的。

为什么会这样呢？当然是因为通用公司反应太慢、决策太慢、执行太慢，于是直接导致市场占有率的下滑。

如今，竞争激烈，企业必须突出一个"快"字，追求以快制慢，迅速应对市场变化。市场反应速度决定着企业的命运，只有能够迅速应对市场者，才能成为市场逐鹿的赢家。日本企业大都懂得"兵贵神速"的经营之道。在加拿大将枫叶旗定为国旗的决议通过的第三天，日本厂商赶制的枫叶小国旗及带有枫叶标志的玩具就出现在加拿大市场，销售火爆，"近水楼台"的加拿大厂商却坐失良机。正是这种"快鱼"的个性，让日本的企业在全球各地稳定发展。

企业的经营如此，个人的发展也需要有这种"快鱼"精神。只有立即行动，才能把握住稍纵即逝的机会。而只有快速行动，才能占有领先的地位，从而一步快、步步快。

演讲大师、《心灵鸡汤》的作者杰克·坎菲尔德，在一次培训会上曾经做过一次实验，很好地证明了这一点。他拿出一张面额 100 的美钞，然后对他的听众说："这里有 100 元钱，谁想得到它？"屋子里所有的人都举起了手，但并没有人有所行动。杰克·坎菲尔德又问了一句："有谁真的想得到这 100 元钱？"

两分钟过去了，终于有人从座位上站了起来，走上前等着杰克·坎菲尔德把这 100 元递到他手上，可杰克·坎菲尔德没有动。这时，另一个人跳过来，从他手里拿走了 100 元。杰克·坎菲尔德对听众说："这个人刚才的所作所为和其他人有什么不同吗？唯一的区别在于，他比别人的动作快。"听众一片哗然。

是的，每个人都想追求成功，每个人都想要那 100 元。可是许多人只是想，却坐在座位上不动。大多数人只是空想，永远都没法得到；有些人行动了，却慢悠悠地错失良机；只有小部分人具有"快鱼"的精神，他们迅速出击，最后拿到了那 100 元。现实生活中也是如此。只有具备"快鱼"精神的人，才能把握机会，取得成功。

当今社会，竞争激烈。每个人都在奋力拼搏。快一拍是一拍，快半拍是半拍，日子久了，差距就呈现出来了。只有执行力强的人才能在社会上谋得发展。

所以，赶快行动起来吧，不要做"慢鱼"，否则迟早会成为别人的腹中食。

心灵悄悄话

世上万物，都始于细节，作用于细节，就像一架幔帐，不管有多宏大，都是由一条条细线织结而成；就是看不见摸不着的空气，也是由一个个分子、粒子组成。于是，要检验一种事物是好是坏是优是劣成败与否，往往抓住一个细节就能一叶知秋。那么，我们的行为，我们的理念，我们的习惯，我们的作风就不应该忽略细节，而应该从细节着眼，从细节落脚，从细节做起。

光阴潮汐不等人

淡漠时间观念,天才也会变成庸才

莎士比亚说:"放弃时间的人,时间也放弃他。"大浪淘沙,真正能够创下一片基业的人,必定都经过艰苦卓绝的奋斗。古往今来,成功人士用自己的亲身经历告诉我们:有强烈的时间观念,加上努力奋斗,才能有所成就。

中国共产党的创始人之一邓中夏先生,不仅是一位卓越的工人运动领袖,还是一位重要的理论家和学者。他一生为马克思主义在中国的传播做出了不可磨灭的贡献。邓中夏有着很强的时间观念。他全身心地投入到革命事业中,不肯浪费一点一滴的时间。早年,他在北大读书时,给自己规定了严格的学习时间,为不受人干扰,干脆写了个"五分钟谈话"的纸条贴在书桌上。来访的客人看到这个字条后,如没有重要事情,便会马上告辞。有的客人甚至从他那儿得到启迪,也抓紧时间读书,不再虚度年华。

正是这种珍惜时间的习惯,让邓中夏能够吸收大量的知识养分,学习了新思想、新知识,最终成为传播马克思主义的先驱,与其他革命者共同创立了中国共产党。

其实,有所建树者都有着很强的时间观念。

美国著名的科学家爱迪生,一生共发明了电灯、电报机、留声机、电影机、磁力析矿机、压碎机等总计 2000 余种物品。他对改进人类的生活方式,做出了重大的贡献。他就是一个时间观念很强的人。

"人生太短暂了,要多想办法,用极少的时间办更多的事情!"爱迪生常对助手说,"浪费,最大的浪费莫过于浪费时间了。"

有一天,爱迪生在实验室里工作,他递给助手一个没上灯口的空玻璃灯泡,说:"你量量灯泡的容量。"说完又投入自己的研究中。过了许久,他问:"容量多少?"没听见回答,他转头看见助手拿着软尺在测量灯泡的周长、斜度,并拿了测得的数字伏在桌上计算。他说:"时间,时间,怎么费那么多的时间呢?"爱迪生走过来,拿起那个空灯泡,向里面注满了水,交给助手,说:"你把里面的水倒在量杯里,马上告诉我它的容量。"助手马上读出了数字。

爱迪生说:"这是多么容易的测量方法啊,它又准确,又节省时间,你怎么想不到呢?还去算,那岂不是白白地浪费时间吗?"助手的脸红了。爱迪生喃喃地说:"人生太短暂了,太短暂了,要节省时间,多做事情啊!"

正是有着强烈的时间观念,爱迪生总会开动脑筋,力求用最少的时间取得最佳的效果。生活中,许多人做事总是慢悠悠的,没有时间观念,所以把宝贵的时间无谓地浪费掉,最后一事无成。

很多人都羡慕日本富裕的生活,然而,很少有人知道他们是多么珍惜时间。

20世纪90年代初,辽宁省政府组织的参观团在日本出席一个会议。出国前,团长准备了厚厚一沓发言稿。可是会场上,日方官员递上的会议程序却写着:"中方发言时间:10点17分20秒至18分20秒。"发言时间仅为一分钟。这在那些"一杯茶水一支烟,一张报纸看半天"的中国人看来,似乎不可思议,而在日本却是极为平常的。在日本,从工人到学者,时间观念都非常强。他们考核岗位工人称不称职的基本标准就是在保证质量的前提下单位时间的劳动量,时间一般精确到秒。正是这种强烈的时间观念,让他们取得常人难以想象的成就。

美国波士顿顾问公司的副总裁史塔克曾说:"新的竞争优势将来自于有效的'时间管理'。任何在技术突破、生产、新产品开发、销售与渠道方面的时间都要不断缩短。"没有时间观念的人是很难在激烈的竞争环境下生存的。

如果有效运用,时间会变成有效的资源;如果白白浪费,时间会变成看得见但无法计算的"成本"和"压力"。美国著名科学家富兰克林早在200多年前就提出"时间就是生命""时间就是金钱"的口号。如今,这话依然掷地有声。

歌德说:"时间是我的财产、我的田地。"每个人都应该珍惜自己的时间。如果淡漠时间观念,不珍惜时间,任何人都无法取得成就,即使天才也会变成庸才。

分秒细节莫忽视,争分夺秒能生金

"一寸光阴一寸金,寸金难买寸光阴。"这是大家都能够倒背如流的名言。可是又有多少人真正做到把时间完全利用在有用的地方呢?时间如水,稍纵即逝。我们要抓住每一分、每一秒。珍惜时间,合理地利用时间,这样才能成就大事。

美国著名科学家富兰克林曾经说过:"你热爱生命吗?那么你就别浪费时间,因为时间是组成生命的材料。"诚然,一个人生命的价值在于他为社会创造的价值,但这种创造却是随时间的延续来实现的。

战国时期的苏秦,是与张仪齐名的纵横家。他年轻时,由于学问不多,曾到好多地方做事,都不受重视。回家后,家人对他也很冷淡,瞧不起他。这对他的刺激很大。所以,他下定决心,要抓住一点一滴的时间发奋读书。他常常读书到深夜,很疲倦,常打盹,为了让自己振作精神,他找来一把锥子,一打瞌睡,就用锥子往自己的大腿上刺一下。这样,猛然间感到疼痛,自己就会清醒起来,再坚持读书。数载后,苏秦再次出使各国,游说六国联合抗秦。凭着数年苦练,苏秦成功说服各国结盟,最终被推举为六国丞相,总揽合纵事宜。可谓"一怒而天下惧,安居而天下息"。权力不可谓不大,建立的功业也是极少有人能企及的。

鲁迅是我国伟大的思想家、革命家、文学家,一生卓有建树。鲁迅成功的一条重要经验就是珍惜时间。他说:"时间,就像海绵里的水,只要你挤,总是有的。"时间对任何人都是公正的。勤奋者善于去挤,它就有;懒汉不去挤,它就没有。鲁迅正是善于挤时间的勤奋者。他一生多病,工作条件和生活条件都不好,但每天都要工作到深夜。第二天起床后,有时连饭也顾不得吃,又开

始工作。一直到吃晚饭时,他才走出自己的工作室。实在困了,就和衣躺到床上打个盹,醒后泡一杯浓茶,抽一支烟,又继续写作。鲁迅习惯以各种形式鞭策自己珍惜时间。在鲁迅的卧室里,墙上挂着勉励自己珍惜时间的对联。鲁迅一生创作颇丰,有人说他是天才,可是鲁迅自己说:"哪里有天才!我是把别人喝咖啡的工夫都用在工作上的。"

正是能够抓住一分一秒,鲁迅才能完成常人所不能完成的工作,最终名垂青史,为后人所敬仰。其实,你从事任何工作,不抓住时间奋斗,是很难有成就的。改革开放初期,深圳提出了"时间就是金钱""效率就是生命"的口号,努力发展,最后创造了"深圳速度"的神话。

美国政治家狄斯累利曾经说过:"赢得时间的人就赢得了一切。"歌德就是这样的人。歌德是德国的大诗人、小说家和剧作家,写出了《浮士德》《少年维特之烦恼》等世界名著。他从不肯白白浪费时间,曾经说:"善于利用时间的人,永远可以找到充裕的时间。"他终日刻苦读书,不倦写作。有位朋友曾问他有多少财产,他在纸上写道:**"我的产业多么美,多么广,多么宽!时间是我的财产,我的田地。"**歌德如此珍惜时间,甚至把时间当作了所有的财产。他的事例再次证明:只有珍惜时间,才能获得成功。

时间是由一段段的碎片组成的。平时的分分秒秒,我们都不应该忽视,而是要把它们利用起来,如此我们才能成就一番事业。

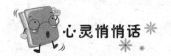

心灵悄悄话

人生在世,做大事不拘小节,固然是一种处世态度。但这往往也是一种很危险的做法,不拘小节有时会误大事的事例不胜枚举。无论是在工作还是生活中,做事认真仔细,才能把事做得尽善尽美。很多时候,透过一件小事,足以看出一个人的态度和能力。

你的效率到底有多高

每天你是在穷忙吗

比尔·盖茨说过："过去，只有适者生存；今天，只有以最快的速度处理完事务的人能够生存。"只有效率高的人，才能有充裕的时间完成更多的事情。这是英国著名的"帕金森定律"所揭示的内容之一。现代社会竞争激烈，"十年磨一剑"的做事风格固然值得敬佩，但是高效率往往才是一个人成功与否的关键。

生活中，由于不善于思考，导致效率低下的例子很多。许多人一直忙忙碌碌，工作却毫无进展的例子也不少。

刘小明是一家公司的普通职员。新的一天的工作开始了，他打开昨天没有做完的文案。"今天一定要把这个文案做完！不能再拖了。"刘小明咬着牙默默地念叨着。是啊，这份文案已经做了一个星期，到现在还没有个结果。

"可是?"刘小明犹豫了起来，"做文案可是需要静下心来，在没有任何干扰的情况下，才能有真正的创意和灵感。我还是先把一些杂事处理掉再做吧。"于是，刘小明准备给两位好久没有联系的客户打电话。刚拿起电话的听筒，刘小明突然想，邮箱里的邮件也该查了，要不先看看邮箱吧。脑子里冒出来的这一大堆事情搞得刘小明心烦意乱，他一会儿觉得该做这个，一会儿又觉得该做那个，在心里衡量来衡量去，似乎又觉得先做哪个都不合适。时间一分一秒地过去了，整整1个小时，小明一会儿打开电脑中的这个文件夹，一会儿又打开那个文件夹，一会儿拿起电话，一会儿又查看邮箱。一个上午过去了，刘小明的文案还是没有丝毫进展，并且弄得自己很烦躁。

科学家爱迪生说:"工作中最重要的是要提高效率。"如此低下的效率又怎么可能把工作做好呢? 这种经历是许多人都有的。一整天忙得晕头转向,回过头去,却发现其实什么也没有做。其实,这都是因为不懂得合理安排时间,才导致效率如此低下。

同样的任务由不同的人完成,不仅效果相差甚远,耗费的时间和精力也往往大相径庭,因为不同的人做事的效率不一样。只有高效率的人才能取得上司的赏识,获得成功。

艾米和贝蒂同时受雇于一家食品连锁店,大家一起从底层做起。艾米受到总经理的青睐而平步青云,一直做到了部门经理。贝蒂却好像被人遗忘了,一直在公司的底层挣扎。终于有一天,忍无可忍的贝蒂向总经理请教原因。

总经理想出了一个办法,他让艾米和贝蒂分别到集市上,去看今天集市上都卖些什么。

贝蒂很快从集市上回来,今天正好下雨,集市上只有一个农民在卖红薯。"这个农民手里总共有多少红薯?"总经理问。贝蒂又跑了回去,半天后才回来说10袋。"每袋多少钱?"贝蒂又跑到了集市上,半天后才回来。总经理看到气喘吁吁的贝蒂,让她休息一会,说完就让艾米进来汇报情况。

艾米汇报说:"到现在为止,只有一个农民在卖红薯,手头上有10袋,价格适中,我带回来几个样品让你看。这个农民很快还会拿些土豆到集市上卖,据我看,价格、质量也还不错,可以考虑进一些货。这个品种的土豆,连锁店可能也需要。我把农民也带过来了,正在外面等着回话。"

贝蒂听了,终于知道自己与艾米的差距了。

同样是一个任务,贝蒂来来回回跑,辛苦万分,花了好长时间,结果还没有给经理提供足够的信息。而艾米只是跑了一趟,就把所有的信息都搞清楚了,还很有远见地给经理提出建议。原因在于艾米善于思考,她把事情考虑得特别周详,这样能够给自己节省许多时间;而贝蒂只是按部就班地遵从上级的命令。所以两者的效率才相差这么多。

如何才能管理好自己的时间,提高效率呢? 以下的建议可供参考。

1.**不要轻易改变你的想法。**当你有了动机,迅速踏出第一步,立即执行是很重要的。不断推翻自己的想法,那只会让自己在反复中浪费时间。

2.**尝试列清单。**把自己每天要做的事情都写下来,然后一件一件去完成。

这样你对自己的任务会有明确的概念，而不会很慌乱。

3. **遵循"20 比 80"定律。**要把最多的时间花在最重要的事情上，而不是最紧急的事情上。否则，你整天都会被一些突发的问题所困扰，最后反而没有把最重要的事情完成。所以，每天罗列清单时，应该把最重要的事情放在前头，然后坚定地把它做完。

4. **安排"不被干扰"时间。**每天至少要有半小时到一小时的"不被干扰"时间。在这段时间里，你可以在自己的空间里，专心致志地思考或工作。这能够有效地保证你最重要工作的完成，也可以审视一下你个人一天的工作。这对提高效率很有帮助。

5. **安排文案处理时间。**每天你要抽出一定的时间，集中处理日常的琐事，以免让琐事干扰你的正常工作。同时也可以借机放松一下，实现真正的劳逸结合。

6. **严格规定完成期限。**你有多少时间完成工作，工作就会自动变成需要那么多时间。如果你有一整天的时间可以做某项工作，你就会花一天的时间去做它。而如果你只有一小时的时间可以做这项工作，你就会更迅速有效地在一小时内做完它。不给自己延期完成的借口，你会有意想不到的收获。

> 　　任何一位成功者都是磨练出来的，人的生命具有无限的韧性和耐力，只要你始终如一地脚踏实地做下去，无论在怎样的处境，无论大事或小事，都不放松自我，不自暴自弃，你便可以创造出令自己和他人都震惊的成就。

第五篇

只能说服　不能压服

　　著名诗人波普说:"你在教人的时候,要若无其事一样。事情要不知不觉地提出来,好像被人遗忘一样。"明人陆绍珩说:"人心都是好胜的,我也以好胜之心应对对方,事情非失败不可。人都是喜欢对方谦和的,我以谦和的态度对待别人,就能把事情处理好。"说服的首要原则:对别人的意见表示尊重。如果你认为有些人的话不对——不错,就算你确信他说错了——你最好还是这样讲:"啊,慢着,我有另一个想法,不知对不对。假如我错了的话,希望你们帮我纠正。让我们共同来看看这件事。"

先做听众再说服

在与别人交流时,每个人都不喜欢只做听众,都有"说"的欲望。这时,如果你适时地为对方提供一个说的机会,对方会很高兴,你的说服工作也会进行得很顺利。

一天,王先生还是一如往常,把芦荟精的功能、效用告诉顾客,对方同样表示没有多大兴趣。王先生自己嘀咕:"今天又无功而返了。"准备向对方告辞,突然看到阳台上摆着一盆美丽的盆栽——一种紫色的植物。王先生于是请教对方说:"好漂亮的盆栽啊! 平常似乎很少见到。"

"确实很罕见。这种植物叫嘉德里亚,属于兰花的一种。它的美,在于那种优雅的风情。""的确如此。会不会很贵呢?"

"很昂贵。这一盆就要800元呢!"

"什么? 800元……"

王先生心里想:"芦荟精也是800元,大概有希望成交。"于是慢慢把话题转入重点:"每天都要浇水吗?"

"是的,每天都得细心养育。"

"那么,这盆花也算是家中一份子喽?"

这位家庭主妇觉得王先生真是有心人,于是开始倾囊传授所有关于兰花的学问,而王先生也聚精会神地听着。

一刻钟以后,王先生很自然地把刚才心里所想的事情提了出来:

"太太,您这么喜欢兰花,您一定对植物很有研究,同时您肯定知道,植物带给人类的种种好处,带给您温馨、健康和喜悦。那么我们的自然食品正是从植物里提取的精华,是纯粹的绿色食品。太太,您为什么不试一试我们的自然食品呢? 您就当自己又买了一盆心爱的兰花吧!"

结果太太竟爽快地答应下来。她一边打开钱包,一边还说道:"即使我丈夫,也不愿听我嘀嘀咕咕讲这么多;而你却愿意听我说,甚至能够理解我这番

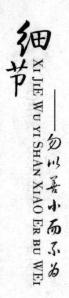

话。希望改天再来听我谈兰花,好吗?"

这一天,王先生可谓受益匪浅。

说服,有时功夫并不在说上,相反,却是在听。给对方一个说的机会,自己多听一听,有时会带来意想不到的好效果。因为:

第一,倾听别人说话,会增进你对对方的理解。即使对方刻意隐瞒,也难免在不自觉中透露出些许有用的信息,如此你就可以知道对方心中的欲望了。

第二,认真聆听对方的倾诉,会让对方觉得你很尊重他。

第三,明白对方的心态,让说服的目标明朗化,借此使你的说服力在无形之中跟着加强。

第四,你认真的态度会令对方感到欣慰,进而增加对你的信任感。当然,对方也会很愿意向你敞开心扉。

第五,你能够认真倾听对方的诉说,对方就会对你产生信任和依赖的感觉,其直接结果就是增强你的说服成功率。

第六,对方一旦敞开心扉,就会把自己的心事向你诉说,这样你就能得到更多有价值的情报。

第七,取得对方的信任显然是成功说服的关键,先取得对方的信任再切入说服的主要内容,才是正确的步骤。

因此倾听别人说话,远比自己滔滔不绝地说话来得更重要。

心灵悄悄话

古希腊有句民谚:"聪明的人,借助经验说话;而更聪明的人,根据经验不说话。"西方也有句著名的话:"雄辩是银,倾听是金。"中国人则流传着"言多必失"和"讷于言而敏于行"这样的济世名言。

说服没有那么难

"戴高帽"的劝说

从孩子身上,我们可以发现一点:当我们称赞、夸奖他们时,他们是何等高兴、满足。其实,他们并不一定具有我们所称赞的优点,而只是我们期望他们做到这点而已。这就是一种典型的"戴高帽"之例。在我们与他人交往时,何不也效仿这一做法呢?因为不管是大人还是小孩子,他们都喜欢别人给自己一个美名,如果他们没有做到这一点,内心里也会朝此目标努力,因为他们知道这样就可以得到一个美名,站在一个受人赞赏的高度。

一位老师,她弟弟因为一场纠纷,被人告上了法庭,而接案的法官恰恰是她昔日的得意门生。一天晚上,这位老师前往学生家,希望他能念在师生的情面上,帮帮她弟弟。法官显然有些为难,既不能枉法裁判,又不能得罪恩师。于是,他说:"老师,我从小学到大学毕业,您一直是我最钦佩的语文老师。"

老师谦虚地说:"哪里哪里,每个老师都有他的长处。"法官接着说:"您上课抑扬顿挫,声情并茂,尤其是上《葫芦僧乱判葫芦案》那一堂课,至今想起来记忆犹新。"

语文老师很快就进入角色了:"我不仅用嘴在讲,也是用心在讲啊。薛蟠犯了人命案却逍遥法外,反映了封建社会官官相护、狼狈为奸的黑暗现实。"

法官接着感叹:"记得当年老师您讲授完这一课,告诫学生们,以后谁做了法官,不要做'糊涂官',判'糊涂案',学生一直以此为座右铭呢。"

本来这位语文老师已设计好了一大套说辞,但听到学生的一番话,再也不好意思开口了，自动放弃了不合理的请求。这位法官用的就是赞美的技巧，先用恭维的话，满足了老师的荣誉心，终拒人于无形之中。

如果你懂得赞美对方，那再难的事情也会变得顺利起来。在信用受到普遍怀疑的年代，贷款变得越来越不容易，可是就有人靠一张会说话的嘴换来了巨额款项。

约翰是美国的大企业家。1960年，他决定在芝加哥为他的公司总部兴建一座办公大楼。为此，他出入无数家银行，但始终没贷到一笔款。于是，他决定先上马后加鞭，他用自己设法筹集的200万美元，聘请了一位承包商，要他放手进行建造，好让他去筹措所需要的其余500万美元。假如钱用完了，而他仍然拿不到抵押贷款，承包商就得停工待料。建造开始，到所剩的钱仅够再花一个星期的时候，约翰恰好和大都会人寿保险公司的一个主管在纽约市一起吃饭。他拿出经常带在身边的一张蓝图，想激起这个主管对兴建大厦的投资兴趣。他正准备将蓝图推在餐桌上时，主管对约翰说："在这儿我们不便谈，明天到我办公室来。"

第二天，当主管断定大都会公司很有希望提供抵押贷款时，约翰说："好极了，唯一的问题是今天我就需要得到贷款的承诺。"

"你一定在开玩笑，我们从来没有在一天之内为这样的贷款进行承诺的先例。"主管回答。约翰把椅子拉近主管，并说："你是这个部门的负责人。也许你应该试试看你有无足够的权力，能把这件事在一天之内办妥。"

主管满意地笑着说："让我试一试吧。"

事情进行得很顺利，约翰在自己的钱花光之前的几小时拿着到手的贷款回到了芝加哥。

这就是赞美对方的妙处。谁也拒绝不了那种突然拔高的感觉。当遇到某些顽固而又爱美的女性，不妨直接在这个方面夸赞一番，这样她会更加飘飘然，说服她也就不难了。而要想说服男性，比如你的领导、你的客户，或者你的朋友，先赞美也能提高说服的"效率"。

拟好说服过程的大纲

有过"要怎样做才能说服那个人"的困扰吗？这大概是因为没有事先在脑子里整理出具体说服的大纲,准备不够的原因。

如果你站在被说服者的立场,就能深切体会到,比起任意随便说说,有条有理地说服,较容易理解得多。

在你的周围,不也有那种不知他究竟在说什么,让人非常纳闷的人吗？

这是因为没有事先在脑海里描绘出要说话的大纲,因而无法完全将自己要表达的意见,明确传达给对方。

可是凭空想象的说明,反而会造成对方的混乱,这样也失去了使其理解的意义。

为了了解对方,应事先将要说服的内容逐条列出。当然,由于说服对象的不同,所描绘出的内容也不尽相同,但是基本的一些大原则还是没有什么大变动。如果能领会这个技巧,做好适应对方的准备,就能成功。

1. 列出大纲的三个重点

(1)时间的设定。太冗长的言谈,不容易抓住真正的重点。所以,开头的部分要占多少时间？重点的部分占多少时间？结论需花多少时间？这些时间上的安排需恰当,不宜过长或过短。

(2)决定说明事项的排列顺序。一般从对方已知的部分说到未知的部分,重点说明那些关键点。

(3)说明内容的因果关系。为了让对方深切了解内容,简单扼要地说明其因果关系是必要的。总之,可以按"原因——结果——根据"的顺序做重点说明。

2. 随着对象的不同,大纲也有所不同

说服,关键取决于对方是否能理解,是否能接受,真正的决定权还是在于对方。

由于个人的价值观、思考模式、见解、能力以及所处环境的不同,即使是相同的说服方法,对象换了一个人,其结果也会不一样。

(1)对方的能力如何？有你所期望的行动力吗？有如你所想的才能吗？

经济力如何？拥有决定权吗？

（2）对方的环境如何？有其他的权限、决定权吗？对于被说服的内容,有不了解的吗？对方对于说服的内容感兴趣吗？信誉如何？

（3）对方的个性特质如何？男性,还是女性？是悠闲自在,还是性情急躁？是理性,还是感情用事？

从这些观点中,找出对方的特征,试着列出要说服的大纲。

或许——开始有些困难,但是为了要锻炼说服力,只要是有关对方的资料,都要全部收集起来,列出大纲,不但有助于了解对方,也是一种额外的收获。

心灵悄悄话

　　爱心的力量不可估量,它是一个人走向成功的内在动力。它不仅可以让你的心灵得到满足,重要的是,在你献出爱心的同时,他人会记住你的爱心,在你需要帮助的时候,他们也就会真心实意地支持你。爱心是互补的,只要你充满了爱心,你就会被别人的爱心所包围,这样的人自然更容易取得成功。

打比方的妙用

比喻，可谓说辩艺术之精华。比喻是用具体的、浅显的、熟知的事物去说明或描写抽象的、深奥的、生疏的事物的一种手法。说理中，如果取喻得当，可以把精辟的论述与摹形状物的描绘糅合为一体，既能给人以哲理上的启迪，又能给人以艺术上的美感。

古希腊哲学家亚里士多德说过："比喻是天才的标志。"的确，善于比喻，是驾驭语言能力强的表现。说理时运用贴切、巧妙的比喻，可以生动地表情达意，增强说理的魅力。

公元前598年（周定王九年），南国霸主楚庄王兴兵讨伐杀死陈灵公的夏征舒。楚师风驰云卷，直逼陈都，不日即擒杀了夏征舒，随即将陈国纳入楚国版图，改为楚县。楚国的属国闻楚王灭陈而归，俱来朝贺，独有刚出使齐国归来的大夫申叔时对此不表态。楚王派人去批评他说："夏征舒杀其君，我讨其罪而戮之，难道伐陈错了吗？"申叔时要求见楚王当面陈述自己的意见。申叔时问楚王："您听说过'蹊田夺牛'的故事吗？有一个人牵着一头牛抄近路经过别人的田地，践踏了一些禾苗，这家田主十分气愤，就把这个人的牛给夺走了。这件事如果让大王来断，您怎么处理？"庄王说："牵牛践田，固然不对，然而所伤禾稼并不多，因这点事夺人家的牛太过分了。若我来断，就批评那个牵牛的，然后把牛还给他。"申叔时接过楚王的话茬儿说："大王能明断此案，而对陈国的处理却欠推敲。夏征舒弑君固然有罪，但已立了新君，讨伐其罪就行了，今却取其国，这与夺牛的性质是一样的。"楚王顿时醒悟，于是恢复了陈国。

毛泽东同志说话好用比喻，他的比喻往往闪耀着思想、智慧的光芒。他的许多妙喻，看似顺手拈来，实则深思熟虑。在与党外人士的谈话中，他经常是妙"喻"如珠，一语胜千言。1941年11月，开明绅士李鼎铭先生向共产党提出了"精兵简政"的建议。党内有些同志很不理解这一建议，甚至还怀疑李先生提出这个建议的动机。毛泽东慧眼识良策，果断地采纳了这一建议，还写了一篇名为《一个极其重要的政策》的专文，阐述与推广这一政策。文中写道："目前根据地的情况迫切要求我们脱掉冬衣，穿起夏服，以便轻轻快快地同敌人作斗争，我们却还是一身臃肿，头重脚轻，很不适应于作战，若说，何以对付敌人的庞大机构呢？那就以孙行者对付铁扇公主为例。铁扇公主虽然是一个厉害的妖精，孙行者却化为一个小虫钻进铁扇公主的肠胃里去把她战败了。柳宗元曾经描写过的'黔驴之技'，也是一个很好的教训……大驴子还是被小老虎吃掉了。我们八路军新四军是孙行者和小老虎，是很有办法对付这个日本妖精或日本驴子的……"全文虽然只有短短200多字，却妙"喻"连珠，非常形象地说明了"精兵简政"的必要性与可行性，并对李鼎铭先生的建议给予了有力的支持和高度的赞赏。

毛泽东的比喻既有深刻而鲜明的政治性、政策性，又极富情感性，是打开别人心扉的一把钥匙。

讲道理以打比方为辅助，有很多好处，一是比较含蓄委婉；二是比喻晓理，道明理通；三是如此说话，较有美感。因此，说服他人时不妨采用适当的比喻，既对说服有很大效用，又能体现一个人说话的艺术感。

 心灵悄悄话

> 每一天都在做准备，每一天做的事情都是在为将来做准备，当你做好了充分的准备，机会来临时你就会抓住，如果你没有做好准备，不管任何机会都不会是你的。
>
> 凡事做好准备。每一天都可以很轻松地达成你的目标。所有成功的人，都是凡事有准备的人。

第六篇

培养倾听从细节做起

"倾听"在现代汉语中被解释为"用心聆听"。倾听是了解、理解、接受、接纳外部世界的过程。倾听是学习。一个会倾听的人能够从别人那里获得很多信息，能够随时学到知识。倾听长者的教诲，就如同读一本好书，见贤思齐，才能成器；倾听朋友的建议和意见，就多一种方案、多一种技术、多一分和谐。"三人行，必有我师焉。"

但是倾听也不是那么简单的，不是盲目地听，也不是泛泛而听，这中间有很多值得注意的细节，如果不注意的话就会造成无用的倾听。

懂得聆听是一种美德

做一个善于倾听的人

卡耐基说："你要使人喜欢你,那就做一个善于静听的人,鼓励别人多谈他自己。"

约翰是尼可见到的最受欢迎的人士之一。他总能受到邀请,经常有人请他参加聚会、共进午餐、担任客座发言人、打高尔夫球或网球。

一天晚上,尼可碰巧到一个朋友家参加一次小型社交活动。他发现约翰和一个漂亮女士坐在一个角落里。

出于好奇,尼可远远地注意了一段时间。尼可发现那位年轻女士一直在说,而约翰好像一句话也没说。他只是有时笑一笑,点一点头,仅此而已。几个小时后,他们起身,谢过男女主人,走了。

第二天,尼可见到约翰时禁不住问道:

"昨天晚上我在威廉家看见你和最迷人的女孩在一起。她好像完全被你吸引住了。你怎么抓住她的注意力的?"

"很简单,"约翰说,"威廉太太把玛丽介绍给我,我只对她说:'你的皮肤晒得真漂亮,在冬季也这么漂亮,是怎么做的? 你去了哪里? 阿卡普尔科还是夏威夷?'

"'夏威夷,'她说,'夏威夷永远都风景如画。'

"'你能把一切都告诉我吗?'我说。

"'当然。'她回答。我们就找了个安静的角落,接下去的两个小时她一直在谈夏威夷。

"今天早晨玛丽打电话给我，说她很喜欢我陪她。她说很想再见到我，因为我是最有意思的谈伴。但说实话，我整个晚上没说几句话。"

看出约翰受欢迎的秘诀了吗？很简单，约翰只是让玛丽谈自己。他对每个人都这样——对他人说："请告诉我这一切。"这足以让一般人激动好几个小时，人们喜欢约翰就因为他注意他们。

人人都希望有一个倾诉对象，也希望别人了解自己。但是如果两个人都希望倾诉和被了解，却没有一个人愿意去听对方的话，这样，两个人就很难达成共识。

因此，如果你想被别人了解，你先得学会听别人倾诉。只有愿意了解别人，别人才愿意了解你。

约翰·洛克菲勒特别注重倾听。他所实行的政策都是经过倾听大家的意见，进行开诚布公的论证才下结论的。

只有懂得倾听的人，才有可能在感情、事业、家庭等各方面取得成功，并且把握住别人错过的机会。

不要小瞧了倾听，就是这倾听可以创造出令人难以预料的结果。如果你听了长者的劝告，人生道路上就会少走许多弯路；如果你注意倾听顾客真正的需求，就可以避免把金钱、时间浪费在别人根本就不需要的东西上。

让他人谈自己，一心一意地倾听，要有耐心，要抱有一种广阔的胸怀，还要表现出你的真诚，那么无论走到哪里，你都会大受欢迎的。

倾听时要有积极的状态

有人做过这样一个实验，来证明听者的态度对说者有着极大的影响。

让学生表现出一副心不在焉的样子，结果上课的教授照本宣科，不看学生，无强调，无手势；让学生积极投入——倾听，并且开始使用一些身体语言，比如适当的身体动作和眼睛的接触，结果教授的声调开始出现变化，并加入了必要的手势，课堂气氛生动起来。

由此看出，当学生表现出一副心不在焉的样子，教授因得不到必要的反应而变得满不在乎起来。当学生改变态度，用心去倾听时，其实是从一个侧面告诉教授：你的课讲得好，我们愿意听。这就是无声的赞美，并且起到了积极的效果。

　　从上面的例子也可以看出，倾听时加入必要的身体语言，是非常有必要的。

　　行动胜于语言。身体的每一部分都可以显示出激情、赞美的信息，可增强、减弱或躲避、拒绝信息的传递。精于倾听的人，是不会做一部没有生气的录音机的，他会以一种积极投入的状态，向说话者传递"你的话我很喜欢听"的信息。

　　俗语说，"眼睛是心灵的窗口"。适当的眼神交流可以增强听的效果。这种眼神是专注的，而不是游移不定的；是真诚的，而不是虚伪的。发自灵魂深处的眼神是动人心魄的。

　　录音机做不了"小动作"，而倾听者则必须做一些"小动作"。

　　身体向对方稍微前倾，表示你对说者的尊敬；正向对方而坐，表明"我们是平等的"，这可使职位低者感到亲切，使职位高者感到轻松。

　　自然坐立，手脚不要交叉，否则让对方认为你傲慢无礼。倾听时和说话人保持一定的距离，恰当的距离给人以安全感，使说话者觉得自然。

　　动作跟进要合适，太多或太少的动作都会让说者分心，让他认为你厌烦了。正确的动作应该跟说话者保持同步，这样，说话者一定觉得你对他的谈话很感兴趣。

　　倾听并不意味着默默不语，除了做一些必要的"小动作"外，还得动一动自己的嘴。恰当的附和不但表示了你对说者观点的赞赏，而且对他暗含鼓励之意。

　　当你对他的话表示赞同时，你可以说：

　　"你说得太好了！"

　　"非常正确！"

　　"这确实让人生气！"

　　这些简洁的附和使说话者想释放的情感找到了载体，表明了你对他的理解和支持。

　　入神地倾听，并在适当时候附和，有利于对方更好地表达自己的思想和情感。在对方明白我们的倾听是对他的尊重以后,他同样会认真地听我们说话,这样我们的赞美才能产生良好的效果。

人与人之间,倾听则能促进情感,加深相互间的理解,引发精神上的共鸣。

 心灵悄悄话

托尔斯泰说过:"一个人的价值不是以数量而是以他的深度来衡量的。"生活一切原本都是由细节构成的,决定成败的常常是那些微若沙砾的细节。细节,微小而细致,它从来不会叱咤风云,也没有立竿见影的效果,但却具有润物细无声的力量,在事物的发展中起着潜移默化的作用。

学会倾听各种声音

哈莉·贝瑞是美国好莱坞当前最红的女明星之一，曾获得第74届奥斯卡最佳女主角奖，是奥斯卡史上第一位荣获影后的黑人女星。这位"黑珍珠美人"得到了大量的赞扬和恭维，但这并没有让她迷失自我，她特别认真地倾听各种批评和指责的声音。

一个人敢不敢或者愿不愿意接受批评和指责，是对他自己的一种严峻考验。别人的批评和指责往往能够直接指出我们的错误和不足，而那些地方正是我们急需改进的。如果一个人拒绝接受别人的批评，那么他怎么能得到提高，又怎么取得成功呢！哈莉·贝瑞取得成功，和她虚心接受批评指责密切相关。

2005年2月26日晚，贝瑞参加了第25届金酸莓电影奖颁奖仪式，成为第一位亲手接过金酸莓"最差女主角"奖杯的好莱坞女明星。

金酸莓电影奖设立于1981年，跟奥斯卡奖评选最佳相反，是专门评选"最差"影片、"最差"导演和"最差"演员等奖项的。对于这个带有恶作剧意味的颁奖，好莱坞的明星大腕们从不正眼相看，过去不仅没有一个当红女明星参加过金酸莓颁奖仪式，更没有一个女明星有勇气亲手接过授予自己的"最差女主角"奖杯。

哈莉·贝瑞主演的《猫女》获得了第25届金酸莓"最差影片""最差女主角"等7项大奖的提名。得知这个消息后，她表示要参加金酸莓奖的颁奖仪式，她说："我认为，作为一个演员，不能只听他人的溢美之词，而拒绝接受别人对你的批评和指责。既然我能参加奥斯卡颁奖典礼并接过小金人，那么我就应该有勇气去拿金酸莓的奖杯。"

面对有可能引起的尴尬局面，哈莉·贝瑞没有退缩，而是勇敢地出席了颁奖晚会。她希望能够以此为戒，让批评与指责为自己加油，成为自己不断向上的动力。

颁奖当晚,哈莉·贝瑞走上领奖台,接过了金酸莓"最差女主角"奖杯。她发表获奖感言时说:"我这辈子从来没有想过我会来到这里,赢得'最差'奖,这不是我曾经立志要实现的理想。但我仍然要感谢你们,我会把你们给我的批评当作一笔最珍贵的财富。"

听到这话,人们给了她一阵又一阵热烈的掌声。

面对责备和批评,哈莉·贝瑞没有退缩逃避。当面对他人的批评时,你是否能够像哈莉·贝瑞那样虚心接受呢? 其实,对于自己身上的一些不足和缺点,很多时候我们并不一定都能意识到,而我们身边的人对此会更加了解。只要能够对这些不足和缺点加以改进,我们同样会赢得他人的尊重与赞美。

哈莉·贝瑞是聪明的,她没有因为被批评而沮丧泄气,也没有因为被批评而激愤拒绝,而是诚恳地、高兴地接受,并将其当成珍贵的财富,当成激励自己的动力。有这样宽广的胸怀和博大的人生智慧的人,将来无论获得怎样的成就,人们都不会觉得意外。

倾听各种批评与指责时,我们需注意如下几点:

(1)听取别人意见的时候,不是一味地盲从,不是别人说什么你就要做什么,而是要有自己的判断,从中选择正确的意见。

(2)当别人给你提意见的时候,应该用眼睛望着对方认真倾听,不时地点头微笑,必要时最好用纸笔记下来。

(3)如果你觉得别人的意见不对,也要听对方把话说完,明白对方的意思,然后再把自己的想法表达出来。

(4)听取别人的意见,不一定是你最崇拜的人,可以是你的父母、亲友、同事等。

 心灵悄悄话

王中求先生说过:"从细节中来,到细节中去。"王先生的话自有其道理。我们要拿这句话自勉,更要拿这句话作为我们工作、生活的原则。要想获得成功,在注重大局的同时,千万不要忽视细节问题。

听话要听音

　　要透过表面的东西去了解一个人的性格特征和情趣,可以从他们的话题入手,注意他们谈论自身感兴趣的事情,这样就会发现他们所表现出来的某些性格特征。也就是说,人们的一些平日不为人所知的情绪会从某个话题中呈现出来。

　　通过一个话题探索到对方的深层心理,其方式有两种:一是根据话题内容来推测对方的心理秘密;二是根据谈话的展开方式洞察对方的深层心理,以了解对方的个性特征。如果要想了解对方的性格和内心动态,最容易的办法就是观察话题和说话者本身的相关情况。所以说,言谈话语,是了解人的重要途径。

　　明洪武初年,浙江安亭有一个名为万二的人。他是元朝的遗民,在安亭郡堪称首富。一次,有人自京城办事归来,万二问他在京城的见闻。这人说:"皇帝最近做了一首诗。诗是这样的:'百僚未起朕先起,百僚已睡朕未睡。不如江南富足翁,日高丈五犹披被。'"万二一听,叹口气道:"唉,迹象已经有了!"他马上将家产托付给仆人掌管,自己买了一艘船,载着妻子,向江湖泛游而去。两年不到　江南大族富户都分别被收缴了财产,门庭破落,唯有万二逃之于外。

　　通过谈话,万二了解到江南富足翁是皇帝的心中隐忧,遂携带妻子离开江南,从而躲过一劫。一个优秀的谈话者正是如此,交谈时很少谈及自己的东西,而是将对方引出来的话题分析、整理,不断地从对方身上吸取知识和情报。

　　一位哲人说过:上帝之所以赐给我们两只耳朵与一张嘴巴,恐怕就是希望我们多听少说。不管上帝是否真有这种用意,"多听少说"确实是倾听者在人际沟通时所应具备的一种基本修养。因为"多听少说"不但可以发掘事实的真相,而且可以探索对方的动机和态度。

　　苏东坡是北宋文学家、书画家,他极具语言的天赋。雄辩无碍的他,却非常注重别人的谈话。有时和朋友聚会,他总是会静下心来,听他们高谈阔论。一次聚会中,米芾问苏东坡:"别人都说我癫狂,你是怎么看的?"苏东坡诙谐地一笑:"我随大流。"众友为之大笑。即使是朋友间的不同观点,他也以"姑妄言之,且姑妄听之"的态度对待。

　　因此,从一个人所谈论的话题可以反映出他的思想活动,我们可以由此听出对方的想法。

　　(1)有些人非常想探听对方的真实情况,这是有意找到对方的缺点所在,期待能进一步控制对方的意思。

　　(2)有些人对于别人的消息传闻特别感兴趣,这种人很难获得真正的友谊,所以,他内心非常孤独。

　　(3)有些人会愤愤不平地埋怨待遇低微,其实,有很多人因为对工作不热心,才会将这种内心的动机转化在待遇低微的借口上。

　　(4)有些人不断谴责上司的过错和无能,事实上是表示他自己想要出人头地的意思。

　　(5)有人借着开玩笑,常常破口大骂,或者指桑骂槐,这是有意将积压在内心的欲求或不满爆发出来。

　　(6)有人一直谈论某个话题,而不喜欢别人来插话,这表示他讨厌自己屈居在别人的控制之下。

　　(7)有人把话题扯得很离谱,或者不断改变话题,这是表示他的思维不够集中,以及不懂得逻辑性的思维方式。

心灵悄悄话

　　每天坚持写日记。日记可以记录自己的成长,记录自己每一天的进步。当然,不是每一天都有值得记录的东西,或者你会因为学习而占用了写日记的时间。但是,你必须鼓励自己坚持下去,哪怕是抄写一首诗、一篇美文、一个笑话都可以。

"弦外之音"要听准

人们常常借形象的帮助来思考,而语言本身,已经缺少正确传达说话人的心中形象给对方的能力,所以,我们总是无法将自己的意思或想法完全正确地传达给别人。

比如说,有一个人向别人说:"对小孩子来说,养狗是一个很好的嗜好。"这时候,说这句话的人,在他脑里可能出现的形象是一只全身长满了浓毛的大牧羊狗;可是,对方脑里的形象却可能是一只毛短而矮小的英国狮狗。

在我们日常生活中,由于对话双方脑里的形象不同而引起误解的情况,的确不少。

现在来看一看下面这段有趣的对话吧:

"我现在正在看一本新出版的书,很有趣啊!"

"嗯,我也喜欢看幽默小说。"

"可是,我看的不是幽默小说。不过,却充满了紧张与刺激。"

"紧张刺激?哦!对了,我也喜欢紧张和刺激。这么说,你看的是关于描述体育运动比赛的书了?"

"也不是。是以非洲为背景的小说。"

"非洲为背景?哦!我晓得了。那一定是描述非洲大狩猎的小说了。说真的,我很久没有看过这一类的书了。"

"不是。我是指那个,它是一部以政治为主题的小说。"

"不错,政治本身就是充满着刺激与紧张的。现在的国际形势的确很紧张。那一定是一本很有趣的小说。"

"可是,我看的这一本书,和你所说的那些完全扯不上关系!它是描述在一个国家发生的政治事件。为了掌握政权,这个国家的几个领袖们在钩心斗角,甚至演出了暗杀事件。"

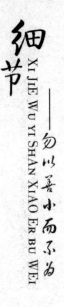
由于在双方脑里所显现的形象各不相同,竟然导致了这样的笑话。所以我们说话要力求准确,避免让别人因猜度你的"弦外之音"而发生误会。

那如何避免"弦外之音"的误会呢?

(1)**你所说的话必须要"精"**。有什么说什么,紧紧围绕目的说话。如果你没话找话,难保不会给自己找出一大堆麻烦。

(2)**用词要尽量准确**。不要用有歧义的词或者句子,即使有些时候多费点口舌,稍微啰唆一点,也要用别的话语代替它们。

(3)**外出工作或与外人打交道,尽量说普通话**。方言土语别人不容易听懂,也容易让人产生误解。当然,这并不要求你的普通话水平一定要很高,只要你能够清楚地表达自己,别人能够清楚地领会你的意思就足够了。

(4)**不要对别人的口误斤斤计较**。金无足赤,人无完人,不管是谁,在说话办事的时候都不可能做到百分之百准确,如果你计较别人,别人也必定会跟你过不去。反过来,如果你总是宽宏大量,别人也会给你方便。

(5)**要有良好的人际关系**。周围的人如果信赖你,尊重你,即使有些时候你说了一些容易产生"弦外之音"的话,也没什么关系,大家都不会往坏处想。

(6)**不在背后批评人,说别人的不好**。你对 A 说 B 如何如何,B 很可能认为你在 A 的面前也会说他如何如何。况且,好话不出门,坏话传千里,还是谨慎一点的好。

心灵悄悄话

每天做些力所能及的家务劳动。你所能做的家务事,可能只限于劳动强度较小的活儿,但每天都能去做,还需要很大的耐心。当出现不想做的念头时,要鼓励自己坚持。看似简单的劳动,因长期去做,却能养成做事坚持到底的良好品质。

第七篇

大礼不辞小让

　　虽然说成大事者不拘小节,但是,在生活中有些小细节会反映出我们是一个什么样的人。细节也是一件很需要注意的事情。我们在做事时,常常会忽略细节,总以为这是小问题。其实这才是很容易出现问题的问题。

　　注重细节,从小事做起。看不到细节,或者不把细节当回事的人,对工作缺乏认真的态度,对事情只能是敷衍了事。而注重细节的人,不仅认真地对待工作,将小事做细,并且能在做细的过程中找到机会,从而使自己走上成功之路。

你会和别人握手吗

据说握手礼最早来自欧洲,当时是为了表示友好,手中没有武器的意思。但现在已成为被最普遍采用的世界性"见面礼"。

握手是人们日常交际的基本礼仪,从握手可以体现一个人的情感和意向,显示一个人的虚伪或真诚。握手在人际交往中如此重要,可有人往往做得并不太好。

艾丽是个热情而敏感的女士,目前在中国某著名房地产公司任副总裁。那一日,她接待了来访的建筑材料公司主管销售的韦经理。韦经理被秘书领进了艾丽的办公室,秘书对艾丽说:"艾总,这是××公司的韦经理。"

艾丽离开办公桌,面带笑容,走向韦经理。韦经理先伸出手来,让艾丽握了握。艾丽客气地对他说:"很高兴你来为我们公司介绍这些产品。这样吧,让我看一看这些材料,我再和你联系。"韦经理在几分钟内就被艾丽送出了办公室。几天内,韦经理多次打电话,但得到的是秘书的回答:"艾总不在。"

到底是什么让艾丽这么反感一个只说了两句话的人呢?

艾丽在一次讨论形象的课上提到这件事,余气未消:"首次见面,他留给我的印象不但是不懂基本的商业礼仪,他还没有绅士风度。他是一个男人,位置又低于我,怎么能像个王子一样伸出高贵的手让我来握呢?

"他伸给我的手不但看起来毫无生机,握起来更像一条死鱼,冰冷、松软、毫无热情。当我握他的手时,他的手掌也没有任何反应,好像在他看来我的选择只有感恩戴德地握住他的手,只差要跪吻他的高贵之手了。

"握手的这几秒钟,他就留给我一个极坏的印象,他的心可能和他的手一样的冰冷。他的手没有让我感到对我的尊重,他对我们的会面也并不重视。作为一个公司的销售经理,居然不懂得基本的握手方式,他显然不是那种经过高层次职业训练的人。而公司能够雇用这样素质的人做销售经理,可见公司管理人员的基本素质和层次也不会高。这种素质低下的人组成的管理阶层,怎么会严格遵守商业道德,提供优质、价格合理的建筑材料?我们这样大的房地产公司,怎么能够与这样作坊式的小公司合作?怎么会让他们为我们提供建材呢?"

握手是陌生人之间第一次的身体接触,只有几秒钟的时间。但是正是这短短的几秒钟,它如此之关键,立刻决定了别人对你的喜或恶的程度。握手的方式、用力的轻重、手掌的温度等,像哑剧一样无声地向对方描述你的性格、可信程度、心理状态。

握手的质量表现了你对别人的态度是热情还是冷淡,积极还是消极,是尊重别人、诚恳相待,还是居高临下、屈尊地敷衍了事。一个积极的、有力度的、正确的握手,表达了你友好的态度和可信度,也表现了你对别人的重视和尊重。一个无力的、漫不经心的、错误的握手方式,立刻传送出了不利于你的信息,让你无法用语言来弥补,它在对方的心里留下了对你非常不利的第一印象。有时也会像上面的那位销售经理,会失去极好的商业机会。因此,握手在商业社会里几乎意味着经济效益。

玛丽·凯·阿什是美国著名的企业家,她是退休后创办化妆品公司的。开业时,雇员仅仅10人,20年后发展成为拥有5000人,年销售额超过5亿美元的大公司。

玛丽·凯·阿什在其垂暮之年为何能取得如此巨大的成就?她说,她是从懂得真诚握手开始的。

玛丽·凯·阿什在自己创业前,在一家公司当推销员。有一次,开了整整一天会之后,玛丽·凯·阿什排队等了3个小时,希望同销售经理握握手。可是销售经理同她握手时,手只与她的手碰了一下,连瞧都不瞧她一眼,这极大地伤害了她的自尊心,工作的热情再也调动不起来。当时即下定决心:"如果有那么一天,有人排队等着同我握手,我将把注意力全部集中在站在我面前同我握手的人身上——不管我多么累!"

果然,从她创办公司的那一天开始,她多次同数人握手,总是记住当年所受到的冷遇,公正、友好、全神贯注地与每一个人握手,结果她的热情与真诚感动了每一个人,许多人因此心甘情愿地与之合作,于是她的事业蒸蒸日上。

握手是很有学问的。美国著名盲聋作家海伦·凯勒写道:"我接触的手,虽然无言,却极有表现力。有的人握手能拒人千里。我握着他们冷冰冰的指尖,就像和凛冽的北风握手一样。也有些人的手充满阳光,他们握住你的手,使你感到温暖。"

为了在这轻轻一握中,传达出热情的问候、真诚的祝愿、殷切的期盼、由衷的感谢,我们有必要把握握手的分寸,掌握握手的细节。

1. 应当握手的场合

(1)遇到较长时间没见面的熟人。

(2)在比较正式的场合和认识的人道别。

(3)在以本人作为东道主的社交场合,迎接或送别来访时。

(4)拜访他人后,在辞行的时候。

(5)被介绍给不认识的人时。

(6)在社交场合,偶然遇上亲朋故旧或上司的时候。

(7)别人给予你一定的支持、鼓励或帮助时。

(8)表示感谢、恭喜、祝贺时。

(9)对别人表示理解、支持、肯定时。

(10)得知别人患病、失恋、失业、降职或遭受其他挫折时。

(11)向别人赠送礼品或颁发奖品时。

2. 握手的具体要求

(1)握手姿态要正确。行握手礼时,通常距离受礼者约一步,两足立正,上身稍向前倾,伸出右手,四指并齐,拇指张开与对方相握,微微抖动三四次,然后与对方的手松开,恢复原状。与关系亲近者,握手时可稍加力度和抖动次数,甚至双手交叉热烈相握。

(2)握手必须用右手。如果恰好你当时正在做事,或手很脏很湿,应向对方说明,摊开手表示歉意或立即洗干净手,与对方热情相握。如果戴着手套,则应取下后再与对方相握,否则都是不礼貌的。

(3)握手要讲究先后次序。一般情况下,由年长的先向年轻的伸手,身份地位高的先向身份地位低的伸手,女士先向男士伸手,老师先向学生伸手。如果两对夫妻见面,先是女性相互致意,然后男性分别向对方的妻子致意,最后才是男性互相致意。拜访时,一般是主人先伸手,表示欢迎;告别时,应由客人先伸手,以表示感谢,并请主人留步。不应先伸手的就不要先伸手,见面时可先行问候致意,等对方伸手后再与之相握,否则是不礼貌的。许多人同时握手时,要顺其自然,最好不要交叉握手。

（4）握手要热情。握手时双目要注视着对方的眼睛，微笑致意，切忌漫不经心、东张西望，边握手边看其他人或物，或者对方早已把手伸过来，而你却迟迟不伸手相握，这都是冷淡、傲慢、极不礼貌的表现。

（5）握手要注意力度。握手时，既不能有气无力，也不能握得太紧，甚至握痛了对方的手。握得太轻，或只触到对方的手指尖，不握住整只手，对方会觉得你傲慢或缺乏诚意；握得太紧，对方则会感到你热情过火，不善于掩饰内心的喜悦，或觉得你粗鲁、轻佻而不庄重。这一切都是失礼的表现。

（6）握手应注意时间。握手时，既不宜轻轻一碰就放下，也不要久久握住不放。一般来说，表示完欢迎或告辞致意的话以后，就应放下。

另外还要注意，不要一只脚站在门外，一只脚站在门内握手，也不要连蹦带跳地握手或边握手边敲肩拍背，更不要有其他轻浮不雅的举动。

与贵宾或与老人握手时除了要遵守上述要求之外，还应当注意以下几点：当贵宾或老人伸出手来时，你应快步向前，用双手握住对方的手，身体微微前倾，以表示尊敬。

与上级或下级握手除遵守一般要求外，还应注意：上下级见面，一般应由上级先伸手，下级方可与之相握。如果上级不止一人，握手顺序应由职位高的到职位低的，如职位相当则可按一般的习惯顺序，也可由一人介绍，你一一与之握手。不论与上级还是与下级握手，都应热情大方，不亢不卑，礼貌待人。下级与上级握手时，身体可以微欠，或快步向前用双手握住对方的手，以表示尊敬。上级与下级握手时，应热情诚恳，面带笑容，注视对方的眼睛，不能漫不经心、敷衍了事，也不能冷漠无情、架子十足，更不能在与下级握手后立即用手帕擦手，否则就是不得体或无礼的。

3. 握手的禁忌

我们在行握手礼时应努力做到合乎规范，避免触犯下述失礼的禁忌：

（1）不要用左手相握，尤其是和阿拉伯人、印度人打交道时要牢记，因为在他们看来左手是不干净的。

（2）在和基督教信徒交往时，要避免两人握手时与另外两人相握的手形成交叉状，这种形状类似十字架，在他们眼里这是很不吉利的。

（3）不要在握手时戴着手套或墨镜，只有女士在社交场合戴着薄纱手套握手才是被允许的。

（4）不要在握手时另外一只手插在衣袋里或拿着东西。

（5）不要在握手时面无表情、不置一词或长篇大论、点头哈腰、过分客套。

（6）不要在握手时仅仅握住对方的手指尖，好像有意与对方保持距离。正确的做法，是握住整个手掌，即使对异性也应这样。

（7）不要在握手时把对方的手拉过来、推过去，或者上下左右抖个没完。

（8）不要拒绝握手，如果有手疾或汗湿、弄脏了，应和对方说一下"对不起，我的手现在不方便"，以免造成不必要的误会。

心灵悄悄话

只有实干，才能脱颖而出。那些充满乐观精神、积极向上的人，总有一股使不完的劲，神情专注，心情愉快，并且主动找事做，在实干中实现自己的理想。我们要想证服世界，就得先战胜自己。要想成功，就要掌控自己的感情，培养自己控制命运的能力。

学会记住他人的名字

人对自己的姓名最感兴趣。把一个人的姓名记全,很自然地叫出口来,这是一种最简单、最明显,而又是一种最能获得好感的方法。

第二次世界大战期间,美国民主党全国委员会主席、邮务总长吉姆是一位传奇人物。他小时候家里很穷,10 岁就辍学去一家砖厂做工。他把沙土倒入模子里,压成砖瓦,再拿到太阳下晒干。吉姆没有机会受更多的教育,可是他有爱尔兰人达观的性格,使人们自然地喜欢他,愿意跟他接近。在成长过程中,吉姆逐渐养成了一种善于记忆人们名字的特殊才能,这对他后来从政起到了重要的作用。

罗斯福开始竞选总统前的几个月中,吉姆一天要写数百封信,分发给美国西部、西北部各州的熟人、朋友。而后,他乘上火车,在 19 天的旅途中,走遍美国 20 个州,行程 6000 公里。他除了火车外,还用其他交通工具,像轻便马车、汽车、轮船等。吉姆每到一个城镇,都去找熟人进行一次极诚恳的谈话,接着再开始下一段的行程。当他回到东部时,立即给在各城镇的朋友每人一封信,请他们把曾经谈过话的客人名单寄来给他。那些不计其数的名单上的人,他们都得到吉姆亲密而极礼貌的复函。

吉姆早就发现,一般人对自己的姓名最感兴趣。把一个人的姓名记住,很自然地叫出口来,你便对他含有微妙的恭维、赞赏的意味。若反过来讲,把那人的姓名忘记,或是叫错了,不但使对方难堪,而且对你自己也是一种很大的损害。

很多人不记得别人的名字,只因为他们认为没有必要下工夫和精力去记别人的名字。如果问他们为什么,他们肯定会为自己找借口,说自己很忙。

一般人大概不会比罗斯福更忙,可是他甚至会把一个技工的名字牢牢地记下来。

罗斯福总统知道一种最简单、最明显，而又是最重要的获得好感的方法，那就是：

记住对方的姓名，使别人感到自己很重要。

安德鲁·卡耐基被称为钢铁大王，但他自己对钢铁的制造懂得很少，他手下有好几百个人，都比他更了解钢铁。

但是他知道怎样为人处世，这就是他发大财的原因。他小时候，就表现出其组织才能。

当他10岁的时候，他发现人们把自己的姓名看得很重要。而他利用这项发现，去赢得别人的合作。例如，他孩童时代在苏格兰的时候，有一次抓到一只兔子，那是一只母兔。他很快发现多了一窝小兔子，但没有东西喂它们。可是他有一个很妙的想法。他对附近的孩子们说，如果他们找到足够的苜蓿和蒲公英，喂饱那些兔子，他就以他们的名字来给那些兔子命名。这个方法太灵验了，卡耐基一直忘不了。好几年之后，他在商业界利用类似的方法，赚了好几百万元。例如，他希望把钢铁轨道卖给宾夕法尼亚铁路公司，而艾格·汤姆森正担任该公司的董事长。因此，安德鲁·卡耐基在匹兹堡建立了一座巨大的钢铁工厂，取名为"艾格·汤姆森钢铁工厂"。当卡耐基和乔治·普尔门为卧车生意而互相竞争的时候，这位钢铁大王又想起了那个关于兔子的经验。

卡耐基控制的中央交通公司，正在跟普尔门所控制的那家公司争生意。双方都拼命想得到联合太平洋铁路公司的生意，你争我夺，大杀其价，以致毫无利润可言。卡耐基和普尔门都到纽约去参加联合太平洋的董事会。有一天晚上，他们在圣尼可斯饭店碰头了，卡耐基说："晚安，普尔门先生，我们岂不是在出自己的洋相吗？"

"你这句话怎么讲？"普尔门问道。

于是卡耐基把他心中的话说出来——把他们两家公司合并起来。他把合作而不互相竞争的好处说得天花乱坠。普尔门倾听着，但是他并没有完全接受。最后他问："这个新公司要叫什么呢？"卡耐基立即说："普尔门皇宫卧车公司。"

普尔门的眼睛一亮。"到我房间来，"他说，"我们来讨论一番。"这次讨论改写了美国工业史。

安德鲁·卡耐基以能够叫出许多员工的名字为骄傲。他很得意地说，当他亲任主管的时候，他的钢铁厂从未发生过罢工事件。

名字对一个人来说,应该算是最重要的东西之一了吧。一个人从出生到去世,名字就一直和他缠在一起。人们不能没有名字,因为这是一个人区别于其他人的重要标志。叫响一个人的名字,这对于他来说,是任何语言中最动人的声音。

一般人对自己的名字比对地球上所有的名字之和还要感兴趣。记住人家的名字,而且很轻易就叫出来,等于给予别人一个巧妙而有效的赞美。若是把人家的名字忘掉了,或写错了,你就会处于一种非常不利的地位。

一个美国人有一次在巴黎开了一门公开演讲的课程,发出复印的信件给所有住在该地的美国人。那些法国打字员显然不太熟悉英文,在打上名字的时候,就打错了。有一个人是巴黎一家大的美国银行的经理,写了一封不客气的信给他,因为经理的名字被拼错了。

这并不难理解,一般人对于自己的名字都很看重,从内心里都非常希望别人能记住自己的名字,并在见面时亲切地叫出来。如果你忘了他的名字,他就会感到你对他轻视,并不是真心实意地和他交往,于是他对你就不会有好的态度了,甚至拒绝与你来往,这样的事情是很常见的。可以设想,你连对方的名字这种细小之事都记不住,别人又怎能信任你,为你办事情呢?

记住对方的名字看来是一桩小事,做到与否,带来的效果却大不一样。

在一家旅馆的大厅里,一位客人来到服务台前办理住宿手续,还未等客人开口,服务小姐就先说:"某某先生,欢迎您再次光临,希望您在这儿住得愉快。"客人听后十分惊讶,露出欣喜的神色,因为他只在半年前到这里住过一次。这位客人因此而感受到了莫大的尊重,进而对那位服务小姐,甚至对她所服务的旅馆产生了信任和好感。

有时候要记住一个人的名字真是难,尤其当它不太好念时。一般人都不愿意去记它,心想:算了!就叫他的小名好了,而且容易记。

锡得·李维拜访了一个名字非常难念的顾客。他叫尼古得玛斯·帕帕都拉斯。别人都只叫他"尼克"。李维说:在我拜访他之前,我特别用心地念了几遍他的名字。当我用全名称呼他"早安，尼古得玛斯·帕帕都拉斯先生"时，他呆住了。在几分钟内，他都没有答话。最后，眼泪滚下他的双颊，他说："李维先生，我在这个国家15年了，从没有一个人会试着用我真正的名字来称呼我。"

刻意记住别人的名字，并且多去喊他的名字，因为，这样做可以让别人感受到你在关心他、重视他。这只是一个细节，一个生活中的细节。其实生活就是由细节堆砌起来的，认真地对待生活中的每一个细节，做好每一个细节，只有这样，我们才善待了生活。

记住他人的姓名，在政治上的重要性，几乎和在商业界和社交上一样。

法国皇帝，也是拿破仑的侄子——拿破仑三世得意地说，即使他日理万机，仍然能够记得每一个他所认识的人的姓名。

他的技巧非常的简单。如果他没有清楚地听到对方的名字，就说："抱歉。我没有听清楚。"如果碰到一个不寻常的名字，他就说："怎么写法？"

在谈话的时候，他会把那个名字重复说几次，试着在心中把它跟那个人的特征、表情和容貌联想在一起。

如果对方是个重要的人物，拿破仑就更进一步。一等到他旁边没有人，他就把那个人的名字写在一张纸上，仔细瞧瞧，聚精会神地深植在他心里，然后把那张纸撕掉。这样做，他对那个名字就不只有眼睛的印象，还有耳朵的印象。

这一切都要花时间。爱默生说："礼貌是由一些小小的牺牲组成的。"

记住别人的名字并运用它，并不是国王或公司经理的特权，它对我们每一个人都是如此重要。

肯恩·诺丁罕是印度通用汽车厂的一位雇员。他通常在公司的餐厅吃午餐。他发觉在柜台后工作的那位女士总是愁眉苦脸的。"她做三明治已经做了快两个小时了，我对她而言，只是另一个三明治。我说了我要什么。她在小秤上称了片火腿，然后给了我一片莴苣、几片马铃薯片。

"隔一天，我又去排队了。同样的人，同样的脸，不同的是，我看到了她的名牌。我笑着说：'嗨！尤尼丝'。然后告诉她我要什么。她真的忘了什么称不称的，她给了我一堆火腿、3片莴苣和一大堆马铃薯片，多得都要掉出盘子来了。"

我们应该注意一个名字里所能包含的奇迹，并且要了解名字是完全属于与我们交往的这个人的，没有人能够取代。名字能使人出众，它能使一个人在许多人中显得独立。我们所提的要求和我们要传递的信息，只要与我们的名字联系起来，就会显得特别的重要。不管是女侍员或是总经理，在我们与别人交往时，名字会显示它神奇的作用。

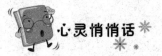

心灵悄悄话

自己制定奖惩制度：如果违反了自己的时间表和行为规则，就应该相应给自己以惩罚，比如减少休息、娱乐的时间。如果在一定时期内，自己严格遵守了时间表和行为准则，就可以对自己进行一定的奖励。具体奖励由你自己决定，但必须合适合理。

形象是你最有力的名片

俗话说，"人靠衣裳马靠鞍"。外在的形象对一个人的发展起着至关重要的作用。在人生的旅途上，一双合适的鞋子能让你轻松上路，步行愉快幸福，一路顺畅。可是，如果鞋里有沙子，你走起路来就会磕磕碰碰，极不舒服。一个良好的形象就是一双合适的鞋子，让你的职业之路走得顺畅；而不良的形象则是鞋底之沙，让你十分难受。总之，形象在人际交往、职业发展中，都起着重要的作用。

有位著名的营销专家告诫涉足营销行的后辈们：在营销产业中，懂得包装形象，给人以良好的印象，这样的人将是永远的赢家。人都是重"感觉"的，第一印象极其重要。双方见面，你的不良形象会给人留下负面的印象，导致顾客很难接受你，那么，即使你的能力再强，你的性格或品质再好，也很难有证明的机会了。相反，如果你给顾客留下美好的印象，使得顾客青睐你，就有机会施展你的才华。

从心理学的角度来看，形象就是人们通过各种感觉器官在大脑中形成的关于某种事物的整体印象。而这个整体印象将会影响别人的感情亲疏。所以，拥有一个良好的形象，对一个人事业的发展是极为重要的。

鲁迅笔下的孔乙己"是站着喝酒而穿长衫的唯一的人"。短短一句话，道出了孔乙己的出身和地位。从这里我们看到，"服饰＋举止＋言谈"组成了人的整体形象，也是人们对他人的地位、品性等各方面判断的基础。尽管人们总说"人不可貌相"，但大部分人还是容易以貌取人的。你不注重形象，在工作上往往就会丧失机会。

良好的形象就是一张最好的通行证，是一张最有权威的介绍信，它能为你保驾护航，使你的事业旅途一片顺畅；反之，"不良形象"这颗鞋底之沙也能让你磨破脚掌，事业之旅举步维艰。所以，请注意你的形象吧。

花钱整修形象，更要投资打磨气质

气质是一个人的无形资产，它代表着一种精神面貌，是人生的一笔财富。气质不容易模仿，却可以培养。我们花钱整修形象时，更需要投资打磨气质。

气质是指人相对稳定的个性特征、风格以及气度。世界上有很多种不同的气质。性格开朗、潇洒大方的人，往往表现出一种聪慧的气质；性格开朗、温文尔雅的人，多显露出高洁的气质；性格爽直、风格豪放的人，多表现为粗犷的气质；性格温和、秀丽端庄的人，则表现为恬静的气质……无论聪慧、高洁，还是粗犷、恬静，都能产生一定的美感。相反，刁钻奸猾、孤傲冷僻、卑劣萎靡的气质，除了使人厌恶以外，绝无美感可言。所以气质更多的是一种品德与个性，一种能吸引人的特性。有气质的人都具有以下的共性：

首先，有丰富的内心世界。 感情丰富的人，内心世界绝不会空虚贫乏，自然会活得充实而自在；感情丰富的人，一般为人诚恳，心地也很善良；感情丰富的人，一般胸襟也很开阔，内心会很安然。

其次，有独到的眼光与见识。 气质佳者都不是随波逐流之辈，他们对问题往往都有自己的看法，有独立的思想。所以，文化水平的高低常会影响一个人的气质。

再次，有很好的涵养。 有气质者能宽容、体谅他人，能够适时地退让，但又不缺乏自己的主见，往往会让人知道他是一个有很好教养的人。

最后，有自己的兴趣追求。 有气质者往往都有高雅的兴趣，或文学，或音乐，或舞蹈，这些都给他们增色不少，让他们焕发出更大的魅力。

总而言之，有气质者都有明显的惹人喜爱的特性。气质是无形的，它由里到外地表露出来。它是通过一个人对待生活的态度、个性特征、言行举止等表现出来的。林肯有句广为人知的名言：**"一个人要为自己40岁以后的容貌负责。"** 主要强调的就是人的内在修为对外在容貌的影响，也就是气质的作用。

可以说，气质是每个人都在追求的，但是却很少有人真正去花钱培养气质。要培养自己的气质，可以根据气质的一些特性，对症下药地去学。

首先，要多读书。 古人常说："书中自有黄金屋，书中自有颜如玉。"其实，古人把读书过于功利化了。读书最大的好处在于，让一个人更有修为，从而更有气质。所谓"腹有诗书气自华",说的就是这个道理。而俗话也说:知书达理。因为知书,所以达理;因为达理,所以善良,以礼待人。大凡气质优雅,有品位、有内涵的人,都是喜欢读书的。因为书丰富了你的头脑,填补了精神世界的匮乏,开阔了视野;书也增加了你的思维敏捷度;同时,书还让你逐渐形成自己的价值体系。

久而久之,你的言谈和举止就会在不知不觉中流露出气质来。所以,你若想培养气质,多读好书是不可缺少的。

其次,要有兴趣爱好。兴趣爱好能让人的精神找到寄托,这也是减轻压力的一种方式。所以,有自己的兴趣爱好,有助于一个人更健康地生活,让自己的身心得到适当放松,从而更有活力,心态也更平稳。同时,兴趣爱好也提高了你的修养与品位。瑜伽、芭蕾、音乐等,都是一些适合的项目。

再次,要多与有气质的人接触。所谓"近朱者赤,近墨者黑",人与人之间的互相感染是很强烈的。你多与有气质的人接触,能够被他们感染。你学习他们身上的优点,也会渐渐地被他们的气质所影响,最终也有自己独特的气质。

气质,后天培养最为关键。有意识地与那些气质好的人接触,虚心接受别人的优点,摒弃自己的缺点,这样,你才能培养出由内而外的气质。

培养气质,其实成本并不高,但能提高你的生活幸福指数。所以,在你花钱整修形象时,也不要忘了投资打磨气质。

心灵悄悄话

许多心理学家将懒散的姿势、缓慢的步伐跟对自己或对别人的不愉快的感受联系在一起。但是心理学家也告诉我们,借着改变姿势与速度,可以改变心理状态。你若仔细观察就会发现,身体的动作是心灵活动的结果。那些遭受打击、被排斥的人,走路都拖拖拉拉,完全没有自信心。普通人有"普通人"走路的模样,做出"我并不怎么以自己为荣"的表白。

第八篇

不可忽视的健康细节

　　曾有人用这样一组数字"10000000000"来比喻人的一生,这里的"1"代表健康,而"1"后边的"0"分别代表生命中的事业、金钱、地位、权力、房子、车子、家庭、爱情、孩子等,这个人生活中拥有很多的财富。

　　假如有一天丢了一个"0"或两个"0",对这个人关系不大,因为丢了这几个"0"不是至关重要的。假如没有了健康这个"1",后面的"0"再多对这个人还有意义吗?所以,健康是第一位的。曾有人说,权力是暂时的,财富是后人的,唯有健康才是自己的! 所以健康的生活细节就显得尤为重要。

慎重对待饮食细节

健康是生命之源。失去了健康，生命会变得黑暗与悲惨，会使你对一切都失去兴趣与热诚。有一个健康的身体、一种健全的精神，并且能在两者之间保持美满的平衡，这就是人生最大的幸福！

不良的健康状况对于个人、对于世界所产生的祸害到底有多大，有谁能够计算得出呢？

在现实生活中，一些有作为、有知识、有天赋的人往往被不良的健康状况所羁绊，以至于终身壮志未酬。许多人都过着一种不快乐的生活，因为他们自己意识到，在事业上，他们只能拿出一小部分的真实力量，而大部分的力量却因为身体不佳而力不从心。由此，他们对于自己、对于世界就产生了消极思想。

天下最大的失望，莫过于理想不能实现。他们感觉到自己有很大的精神能力，但是却没有充分的体力作为后盾。自己感觉虽有凌云壮志，却没有充分的力量去实现，这是人世间最悲惨的一件事情！

许多人之所以饱尝着"壮志未酬"的痛苦，就因为他们不懂得常常去维持身心的健康。经常保持身心健康，是事业成功的保障，是保障工作效率的重要前提。

而正确的饮食之道是与旺盛的生命活力紧密相关的。

依据现代科学指出，抗衡都市压力的一个重要因素便是营养，而营养主要是从饮食中直接得来的。我们从饮食中摄取了养料，就有了应付压力的资本。所以正确的饮食观相当重要，这样可以增强身体抵抗压力的能力。

当人们在生活中注意了饮食方法以及饮食宜忌的规律后，并且依据自身的需要来选择适当的、有利于自己身心健康的食物进行补养，这样便能有效地发挥并维持生命的活力，提高新陈代谢的能力，保持身心健康。具体一点说，正确的饮食具有补充营养、预防疾病、治疗疾病、延缓衰老的作用。

人的饮食要节制，切忌暴饮暴食，不能随心所欲，讲究科学的饮食方法至关重要,所以说,人们的健康是从饮食中获得的。如果在短时间内饮食过量,使大量食物进入食道,必然会加重胃肠的负担,超出肠胃承受范围之外,食物滞留于肠胃,不能被及时消化,这样,很明显就会影响到营养的吸收和输送。久而久之,脾胃因不堪重负,其功能当然会受到损伤,所以"食量大的人是不会健康的"。

现代的许多有关医学方面的实验都证明,减少食物的摄取量是延长寿命的最好的方法之一。针对这一点,德州大学的马沙洛博士做了一个很有意思的实验,为我们提供了有力的证据。他的实验是围绕一群实验鼠进行的,他把一群实验鼠分为3组,任由第一组的实验鼠随便进食;把第二组的食量减了四成;第三组的实验鼠食物中蛋白质的摄取量减少一半,然后便任由它们吃。两年半以后,实验结果为:第一组老鼠成活率为33%,第二组的成活率为97%,第三组存活率仅50%。

该实验表明了什么呢?温血动物延缓衰老、延长寿命的有效途径就是减少营养,这是他迄今为止所知的温血动物的生理特征之一,并且指出该结论同样适用于人类,所以,我们可以从中得到有关保健、长寿的规律,即要尽可能地限制食量,因为这样可以大大延缓生理上的衰老和免疫系统的失效,用一句话概括:吃得少,活得久。当然,这里的"少"不单纯指的是食物的量少,也暗含着食物的营养要合理,饮食要均衡。

其实,对于人类来说,要维持生命健康与长寿,最关键的一点就是要"平衡膳食,合理营养"。

所谓合理营养是指膳食营养在满足机体需要方面能合乎要求,也就是说由膳食提供给人体的营养素,种类齐全,数量充足,能保证机体各种生理活动的需要。合理的营养能促进机体的正常生理活动,改善机体的健康状况,增强机体的抗病能力,提高免疫力。

达到合理营养要求的膳食一般称为平衡膳食,基本要求是:

(1)**膳食中热量和各种营养素必须能满足人体生理和劳动的需要**。即膳食中必须含有蛋白质、脂肪、糖类、维生素、无机盐及微量元素、水和膳食纤维等人体必需的营养素,且保持各营养素之间的数量平衡,避免有的缺乏、有的过剩。因此,食物应多样化。因为任何一种天然食物都不能提供人体所必需的一切营养素,所以多样化的食物是保证膳食平衡的必要条件。

(2)**合理的饮食制度**。如餐次安排得当,可采取早晨吃好、中午吃饱、晚上吃少的原则。

(3)适当的烹调方法。要以利于食物的消化吸收,且有良好的品相,能刺激食欲为原则。

　　(4)食品必须卫生且无毒。

　　当然由于人们的生活环境不同,饮食习惯、健康状况等也千差万别,对营养的要求也就各不相同。在实际生活中只有根据合理营养的基本要求,按照每个人的性别、年龄、劳动状况、健康情况等方面综合考虑,安排好每日膳食,才能真正达到合理膳食的要求。

　　随着科学家对人体愈来愈了解,关于食物营养方面的资讯也愈来愈丰富,你应该随时注意有关膳食的信息。以下几点是可帮助你达到平衡膳食的方法:

　　(1)新鲜水果和蔬菜应该占所吃食物中的最大比例,它们含有相当丰富的维生素和高效物质,而人体最容易吸收这些物质。

　　(2)应多食的第二种食物就是碳水化合物,诸如面包、谷物和马铃薯等。

　　(3)蛋白质(诸如瘦肉、鱼和乳酪)是非常重要的食品,但不宜吃得太多,每天取用少量即可。

　　(4)避免油性食物,限制牛油和食用油的食用量,并且拒绝油炸食物,同时也应避免吃糖,像糖果和可乐之类。

　　此外还应摄取不同的食物,以供应身体不同的需要,不要偏食,应该拒绝不当的饮食方法。

　　另外也有不少的科学家指出素食有益人类的健康,肉食则易致病。

　　第一次世界大战期间,丹麦政府任命全国素食组织的领袖负责指导国家的定量配给计划,以至于战时的丹麦人都以谷物、蔬菜、水果、乳制品为主要食物。计划实施才一年,丹麦人的死亡率就下降了17%。战后丹麦人又恢复了肉食,结果死亡率和心脏病的发病率很快又上升到了战前的水平。

　　科学家发现,世界上一些仅以谷物、蔬菜、水果等素食为主食的民族或部落几乎很少患病,并且可以长命百岁。在北印度及巴基斯坦生活的哈扎斯人,超过百岁的人比比皆是,而且一生中都没有什么疾病,这主要得益于他们以新鲜水果、蔬菜、山羊奶及五谷杂粮等素食为食物的饮食习惯。相反,吃肉越多的民族,身体越不健康,寿命也越短。以肉食为主的因纽特人,一生平均只能活27岁半。肠癌也多出现在以肉食为主的地区。为此,我们要在生活中养成多吃五谷、水果和蔬菜,尽量少吃肉食的习惯,相信对于我们的身体健康会有益处的。

切勿在生气、受到惊吓或担心时吃东西。因为当你在这种状态时,你的身体便无法充分吸收所吃食物的营养,尤其不可养成一紧张就想吃东西的习惯,因为这样只会使你变胖而已。

适当地调整饮食习惯是非常重要的事,因为如果饮食过量的话,你的身体会出现过多的负荷,而且沉溺饮食会使你延误一些应该立即处理的问题。如果你无法控制自己的饮食,不妨请教专家协助你。

心灵悄悄话

抄写一些"惜时"名言:时间是每个人最易拥有,但是又最易失去的资源。而把握时间最重要的就是要把握现在。俄国著名作家列夫·托尔斯泰说:"记住:只有一个时间是最重要的,那就是现在!"大凡有所成就的人,都是惜时如金的人。经常抄写一些"惜时"的名人名言,会使自己认识到岁月不待人,从而激励自己、鼓舞自己、督促自己。

健康幸福的密码

德国哲学家康德活了 80 岁,在 19 世纪初算是长寿老人了。某医生对康德作了极好的评述:"他的全部生活都按照最精确的天文钟作了估量、计算和比拟。他晚上 10 点上床,早上 5 点起床。接连 30 年,他一次也没有错过点。他 7 点整外出散步。哥尼斯堡的居民都按他来对钟表。"据说康德生下来时身体虚弱,青少年时经常得病。后来他坚持有规律的生活,按时起床、就餐、锻炼、写作、午睡、喝水、大便,形成了"动力定式",身体从弱变强。生理学家也认为,每天按时起居、作业,能使人精力充沛;每天定时进餐,届时消化腺会自动分泌消化液;每天定时大便,能防治便秘;甚至每天定时洗漱、洗澡等都可形成"动力定式",从而使生物钟"准时"。谁若违背了这个生物钟,谁就要受到惩罚。

某著名养生专家认为:**人体的一切生理活动都是起伏波动的,有高潮也有低潮。**人体内有一个"预定时刻表"在支配着这些起伏波动,养生专家们称之为"生物钟"。人体血压、体温、脉搏、心跳、神经的兴奋抑制、激素的分泌等 100 多种生理活动,是生物钟的指针,反映了生物钟的活动状态。人体各器官的动能是按"生物钟"来运转的。"生物钟"准点是健康的根本保证,若"错点"则是柔弱、疾病、早衰、夭折的祸根。

因此,我们不赞同年轻人通宵看电影,通宵泡吧,因为通宵熬夜会使你的生物钟"错点",表面上看没什么变化,但导致身体激素分泌紊乱,体力变化极大。如此日积月累,"错点"便会在身上产生反应,患病也就成为必然的了。

如果你的"生物钟"的运转和大自然的节律合拍融洽,就能"以自然之道,养自然之身"。目前,医学专家公认"生物钟"是自然界的最高境界,因为自古至今,健康长寿者的"养生之道"虽然千差万别,但生活有规律这一条却是共同的。为此,我们首先要养成良好的生活习惯。

越早奠定健康生活方式的基础,养成健康的习惯,以后获益就越大。养成良好的生活习惯,不仅可以避免中年体衰,而且到老都能身体健康。儿童比成年人更容易养成良好的健身习惯,如良好的饮食、运动和放松的习惯。我们越多向青少年灌输有关健康生活的知识,国人的体质将会越健康,可以减少对昂贵的医疗服务的依赖。要记住:导致过早死亡和丧失工作能力并浪费大量保健经费的许多疾病都是不健康的生活方式造成的,如果尽早在年轻时采取预防措施,这些病完全可以避免。

1. 戒除不良的嗜好

如酗酒、嗜烟(大量吸烟)、嗜赌(赌徒)。有人说得好,在危害健康的诸因素中,最严重的莫过于不良嗜好所起的作用持久而普遍。

2. 改变不良的生活习惯

如本人的卫生习惯差,病从口入,易得胃肠传染病或寄生虫病。暴饮暴食者易患胃病、消化不良以及易于致命的急性胰腺炎。爱吃高脂及高盐食者,最易患高血压、冠心病等。一旦不良习惯养成,对健康的危害作用就会经常或反复出现。

3. 不要滥用药物

有关专家指出,当前药害已成为仅次于烟害和酒害的第三大"公害"。全世界每年死于药害者不下几十万人。为此,欲求健康长寿,必须停止滥用药物,包括滥用补养药品。补药用之不当,也会伤人。

4. 切忌操劳过度

卡耐基认为:野心很大的人可能会成功,但是,野心也容易使他无法活得很久、享受人生。所以,如果升级必须加上很大的压力、紧张和过度操劳,你就应该下定决心放弃升级。

纽约马白尔协同教会的牧师皮尔博士,在印第安纳波里对一群听众讲演中说:"现代的美国人,很可能是有史以来最神经质的一代。爱尔兰人的守护神是派翠伊克,英国人的守护神是乔治,而美国人的守护神却是维达斯。美国人的生活太紧张、大激烈,要使他们在听到以后能够平静地睡去,那是不可能的。"

如果赚大钱的代价是不幸或早死的话,你应该宁愿少赚一些钱;如果对自己鞭策得太严了,你应该鼓励自己满足于稍低一层的成就。

5. 减缓节奏

放松可使你完全忘记一天的烦恼和问题,虽然每个人都有放松的必要,但是就有人无法放松自己。

你的意识会把这一项目标作为你注意力集中的对象,这意味着你的内心已排除其他所有事情,因此,你不会因为躺在躺椅中说一声"我在放松自己"就能真正放松自己的,因为你的思想还是环绕着一个既定问题在转。你必须找一个放松的目标,并使你的注意力集中到它身上,才能达到真正放松的目的,例如园艺、放风筝、读小说或做任何其他能吸引你注意的事情。

其实电视和喝酒并不能使你真正放松,你应该有不同的兴趣,以使你的思想能换换口味,练习坐禅会为你的精神力量带来不可思议的神奇,体力劳动可能也是一项你乐于从事的活动;你不但要放松你的思想,同时也要放松你的身体。

放松自己并不是偷懒的表现,反而是使你的思想保持最佳状态的妙药。一天之中能有短暂的休息可以解决你的紧张并给你的潜意识活动的机会。

6. 适量运动

最理想的情况,是把运动当作放松娱乐自己的一种方式。放松和娱乐对你的思想能力有很大的影响,而运动除了能保持身体健康之外,对思想同样也会有所帮助。但你必须保持适量和适度,过量的运动反而会引起疲劳。

你应每周做 3 次体操,每次 20 分钟。运动是对身体和心理最好的刺激物,它对于清除负面影响因素方面有很大的帮助。体育训练已成为了解人类潜力的重要方法,并且可以培养出一些有助于你追求成功的技巧。

7. 抵制有害的情绪

自古以来就有"怒伤肝""忧伤肺""恐伤胃"以至"积郁成疾"之说。这就是说,消极的情绪会影响人的身体健康。为什么呢?因为人的情绪变化总是和人的身体变化联系在一起的。例如,人在恐怖的时候交感神经发生兴奋,瞳孔变大,口渴、出汗,血管收缩而脸色发白,血液中的糖分增加,膀胱松懈,结肠和直肠的肌肉松弛。一般来说,当人的情绪变化的时候,人的血液量、血压、血液成分、呼吸、代谢、消化动能以及生物电都会发生变化。

过度的消极情绪,或长时间地被消极情绪所控制,会对身体的健康产生不良影响。例如,长期不愉快、恐怖、失望等,胃的运动就会被抑制,使胃液的分泌减少。对肠的影响也是同样的,愤怒时,肠壁的紧张力降低,蠕动停止,影响消化动能。总的来说,这样使人消化动能不好,容易产生胃溃疡。

为了更好地说明良好的生活习惯对于人的一生健康的重要影响,在此向大家提供一份关于美国石油大王洛克菲勒的健康细则,希望对大家会有所参考。

众所周知,洛克菲勒一生建立了自己强大的石油帝国,而且活到了 98 岁。这与他后半生养成了自己独特的生活习惯有关。他一直都很注意保持身心健

康,他尽量争取长寿,把赢得同胞的尊敬确定为主要目标。以下是洛克菲勒为达到这个目标而实行的纲领:

(1)每周的星期天去做礼拜,将所学到的记下来,以供每天应用。

(2)每天争取睡足 8 个小时,午后小睡片刻。这样适当的休息以保证充足的睡眠,避免对身体有害的疲劳。

(3)保持干净和整洁,使整个身心清爽,坚持每天洗一次盆浴或淋浴。

(4)如果条件允许的话,可以移居到环境宜人、气候湿润的城市或农村生活,那里有益于健康和长寿。

(5)有规律的生活节奏对于健康和长寿有益无害。最好将室外与室内运动结合起来,每天到户外从事自己喜爱的运动,如打高尔夫球,呼吸新鲜空气,并定期享受室内的运动,比如读书或其他有益的活动。

(6)要节制饮食,不暴饮暴食,要细嚼慢咽。不要吃太热或太冷的食物,以避免不小心烫坏或冻坏胃壁。总之,诸事要和缓、含蓄。

(7)要自觉、有意识地汲取心理和精神的维生素。在每次进餐时,都说些文雅的语言,并且可以适当同家人、秘书、客人一起读些有关励志的书。

(8)要雇用一位称职的、合格的家庭医生。

(9)把自己的一部分财产分给需要的人共享。

洛克菲勒在通过向慈善机构捐款,把幸福和健康带给了许多人的同时,也赢得了声誉,更重要的是自己也得到了幸福和健康。他捐资建立的基金会将有利于好几代人。洛克菲勒就是这样,达到了自己的目标,获得了健康与幸福。

心灵悄悄话

> 有了目标,就应该立即行动起来。只有立即行动,才能真正把握"今天"和"现在"。要给自己一些紧迫感,学会做事不拖沓延误,意识到时间是一逝而无的,抓不住,时间就溜走了。如果你决心珍惜时间并想对社会和人生有所贡献,那么现在就行动起来吧!

怎样排遣你的压力

消除内心的压力

事业上的成功,家庭的幸福美满,人际关系的和谐,是每个人都期望的生活目标,追求高质量的生活无可厚非,还应积极提倡。

问题出在哪里呢? 你的能力和心理素质。除了极个别智力超常的人外,大家的智商其实都差不多,而能力却相差很大。在同一个目标下,能力强的人往往比能力弱的人压力要小,因为能力强的人觉得获胜的机会比较大,目标离他越近,压力就会越小。

有了压力不一定就是坏事。压力来源于人的需求,而这种需求就是人们追求奋斗的原动力。感受到压力,体会到自己的需求,能产生为之拼搏的欲望。人在遇到绝路的时候,巨大的压力往往爆发巨大的潜能,"置之死地而后生"就是这个道理。

但是如果自己给自己的压力太大,或由于客观原因压力过大,则会超过人的承受能力,使我们感到心力衰竭,不堪重负,甚至产生一些心理疾病,更别提奋斗了。就像弹簧一样,在没有超过其承受范围时,你用力压紧它,松开手,它会用力反弹;但一旦超过其范围,弹簧发生变形,再用劲也反弹不回来。

那么压力来自何方?

造成一个人压力的原因是多方面的。例如:企业内部缺乏良好的激励机制、工作中复杂的人际关系、工作强度大、自身的职业定位不正确等。超强的压力会给个体的职业发展与健康带来严重的负面影响。在个体身上造成的后果可以是生理的、心理的,也可以是行为方面的。笼统来说,压力来源主要有下述几个方面:压力可以分为两大类:来自体外的压力(专家们称之为外部压力)以及产生于个人体内的倾向和行为的压力(专家们称之为内部压力)。

具体来说大致有以下4方面能导致产生压力:

1. 外部的逆境

压力无处不在,人们很大一部分的外部压力来自外部的逆境,也就是人们都能感觉到的"日常压力":比如,丢了钥匙,遇到交通堵塞,洗衣机出了毛病。另外,还有一种外部压力是"组织压力"——当不得不将有毒废物运往另一个地方,或者违反了交通规则时,就意味着人们遭遇到了"组织压力"。

同时,作为人类社会的一员,每个人都还面临着生活中的"社会压力",面对他人的发火、挑衅和愤怒。同时,生活中还有一些让人不能忘记的重要事件,像失业、无法获得提拔、家中又添新丁,或有人去世等。

2. 内部陷阱

消极的暗示也是人们产生压力的主要诱因。各种各样的外部压力使人们担惊受怕,它们总是不断地发生在人们身边。令人奇怪的是,这些压力中的大部分都是我们自己制造出来的。常常进行消极的自言自语往往会带给人消极暗示,例如,"我最近身体状况不大好""这份新工作可能和原来那种工作一样糟糕",这些都是工作压力产生的直接诱因。

3. 不健康的生活方式

自我产生压力的另一种方式,就是选择了一种不健康的生活方式。不健康的生活方式直接影响到人们的身体健康,浪费了人们大部分的时间,这些都会反映出工作中的无秩序,缺乏效率,这些都是压力的主要来源。

4. 忧郁的个性

有些人天生就容易给自己制造压力,这体现在其个性的许多方面。也许有人会认为,压力可以使人变好也可使人变坏,但是,最终它会让人为此付出代价。

当人们知道了自己所承受的压力以及来源时,就可以制订控制压力的计划。该计划必须详细,而且应该包括控制或消除压力的方法。例如,当压力出现,同时自己的工作期限又快到了时,人们可能不得不加快速度并潦草地完成工作。也许这能逃过老板的眼睛,但自己知道干得很糟。这种做法可能会引起自己的挫折感和失败感,同时会造成压力增多——于是一系列的不愉快又开始了。

洞察了压力产生的内在原因,也就有了如何对抗或消除压力的一系列方法:

1. 控制时间

人们对时间控制得越好，所做的工作就越多，承受的压力就越小。有效地控制时间的关键就是多关注结果，而不是多关注过程。通常，当人们努力完成工作时，电话就是最大的时间浪费。如果没有秘书协助接听，就应该买一个应答装置，没必要在每次电话铃声响起时都亲自接听。要认识到追求工作质量和奉行完美主义是有区别的。追求完美只会浪费时间和增加不必要的压力。要学着创造更多的时间。如果你的工作比时间还多，那么试着早到 30 分钟或是迟走 30 分钟。试着从午饭时间中节省 15 分钟。

另外，要经常评估你利用时间的方式。选择一天，记录一下自己花在工作上的每一分钟。你将会发现自己的时间浪费在了哪里。

2. 控制节奏

即使再优秀的运动员也不能在场上一直运动而不休息。起初，压力也许真的会提高人的工作绩效，但一旦过了头，过多的压力就会对人的工作能力造成影响。

每天的睡眠在不断地循环，工作的高效期也在不断循环。也许有人已经注意到，早晨的工作效率比下午要高，或者要在晚上 11 点以后工作效率才会再高起来。这些循环叫作"节奏"，它们每天都在发生。

为了能在高峰期高效地工作，要注意一下那些容易让人陷入倦怠的波谷，并且小憩一下，而不是沉湎其中形成压力。

3. 生活要有个计划

生活没有计划，容易给个人造成额外的压力。如果同时要做好许多事情，当然就容易导致混乱、遗忘，还总让人觉得还有那么多事情没做完，加重了生活的压力。所以，如果可能的话，要为自己立个计划，让自己做到心里有底，做事时有条不紊。此外，最好能一次就只做一件事，并且一次性将任务完成。

4. 改变你的认知方式

我们对事物的看法决定了我们感受到的压力。采用换位思考可以帮助我们更好地理解别人，如当你与上级沟通存在障碍时，可以设想一下如果你是上级会怎样处理，这样将有助于与上级更好地沟通。

5. 改变你的思维方式

人的思想感情与个人的观念和人生哲学有关。仔细分析一下，如果发现这些观念在一定程度上导致了不良的情绪，给你的生活带来了压力，那就有必要为此作出一些改变。改变个人的人生观、处世态度有时候是很困难的，但

是，哪怕只做一点改变，有时就可能收到意想不到的减压效果。

6. 消除工作中的环境压力

你是愿意坐在一个干净整洁，一切都井井有条的办公室里，还是愿意坐在杂货店似的一团糟的办公室里？很明显，一个井井有条、令人愉快的工作环境，会减少压力并提高工作效率。如果一个人在每找一盒铅笔或一份重要文件时都要花 10 分钟，那么，他感到十分压抑，并且无法按时完成任务，人们就毫不奇怪了。

7. 学会宣泄

当遇到不如意的事情时，可以通过运动、读小说、听音乐、看电影、找朋友倾诉等方式来宣泄自己的不良情绪，也可以找个适当的场合大声喊叫或痛哭一场。学会宣泄就是指当你的坏情绪累积到一定程度后，你应该找一个你信任并能与其自由自在地说话的人，如朋友、亲人、要好的同事，或者心理医生，向对方讲讲自己的心里话。研究证明，把"闷"在心里的话说给一个乐于倾听你的人听，是一种非常管用的减压方式。

8. 学点放松技巧

有时候，人们需要远离生活的压力，去玩，去放松一下，这是一种自然的效果，也是不错的减压方法。需要说明的是，应该尽可能从事那些能让自己愉快、全身心投入、忘掉一切烦恼的业余活动。不管自己有多忙，该玩就玩！现在流行的放松技巧很多，如沉思、深呼吸等。大家可以找到相关的资料进行练习，掌握一些放松技巧，这的确有助于减轻压力。有条件或有必要的话，可以就此请教心理医生。

心灵悄悄话

马克思说，任何节约归根到底都是时间的节约。努力让自己不要去浪费别人的时间，这实际上也为自己节约了时间。另外，还可将自己的手表有意识地拨快几分钟，使自己每天都能赶在时间的前面。

睡眠细节你知道多少

　　研究表明,看着一些悦人的东西是一种放松,它有助于你的睡眠,最好以轻松的格调布置你的卧室。如果你的卧室能够看到远处美丽的风景,那么最好把你的床移到窗户边,以便欣赏外面的景色。或者在墙上挂一幅风景画,或者在写字桌上放一缸金鱼。

　　睡眠的好坏,与睡眠环境关系密切。在 15℃ ~ 24℃ 的温度中,可获得安睡。而过冷和过热均会使人辗转反侧。如果你搬迁新居而不能安睡,有可能是因对新环境一时不能适应,但更有可能是室内地毯、新家具及室内装饰等所发出的异味所致。当然,冬季关门闭窗后吸烟留下的烟雾,以及逸漏的燃烧不全的煤气,也会使人不能安睡。在发射高频电离电磁辐射源附近居住,长期睡眠不好而非自身疾病所致者,最好迁居远处。在隆隆机器声、家电音响声和吵闹的人语声中失去深睡,则应设法排除噪声。灯光太强所致的睡眠不稳,除消除光源外,也可避光而卧。

午睡时间不宜过长

　　为什么有的人午睡后"越睡越困"呢? 这与人的睡眠阶段有关。

　　人的睡眠分为浅睡和深睡两个阶段。一般人在睡眠约 90 分钟后,便由浅睡转入深睡。人处在深睡时,大脑各中枢的抑制过程加深,脑组织中许多毛细血管网暂时关闭,脑血流量相对减少,如果在这时候醒来,由于被抑制的大脑皮层和关闭的毛细血管尚未开放,从而使大脑出现暂时性的供血不足,自主神经功能紊乱,使人感到"越睡越困",难受不适。

　　因此,午睡时间过长,反不如短时间睡眠醒来后精神状态好。因此,午睡时间不宜过长,以 1 小时以内为宜,这样既有助于消除机体疲劳状态,又可避免出现"越睡越困"的现象。

午睡时最好能够宽衣解带

　　一般来讲,午睡是在刚吃完午饭不久,此时胃肠道正在进行消化吸收食物的运动,胃肠道不停地分泌胃液以助消化,并不停蠕动,当食物进入胃肠以后,胃肠的蠕动明显增强,蠕动波也更加明显,如果午休时不宽衣解带,就会使胃肠道血液循环速度减缓。同时减少消化液的分泌,妨碍胃肠道的蠕动功能,既影响食物吸收,又对人体的消化器官产生不良影响。因此,患有消化系统疾病的人,如慢性胃炎、胃及十二指肠溃疡等疾病,更应注意午休时宽衣解带,以达到充分的放松。

高抬手臂睡觉有碍健康

不少人睡觉时喜欢头枕着手,或扬起手臂放在头的两侧。其实,这样睡觉对健康是有害的,时间长了,会有胸闷难受之感,重者会引发反流性食管炎等。

睡觉时远离手机

很多人在晚上睡觉时习惯于把手机放在枕边,殊不知,这样会对人体健康造成伤害。尽管手机释放出来的能量很低,但是如果你经常把它放在枕边,危害却不容忽视。

据有关专家介绍,手机辐射对人的头部危害较大,不论手机是开着还是已经关掉,它都会有不同波长和频率的电磁波释放出来,形成一种电子雾,对我们的神经系统造成影响,对我们的中枢系统造成动能性障碍,引起头痛、头昏、失眠、多梦和脱发等症状,有的人甚至面部会出现刺激感。

睡觉时应摘掉手表

有人觉得每天睡觉摘掉手表很麻烦,况且戴着手表睡觉看时间也方便,于是就养成了戴着手表睡觉的习惯。实际上戴手表睡觉是一个不好的习惯。首先,这不利于手表的保养。晚上睡觉时,人身上的皮屑、被子上的纤维等,都会沾在表壳上,并逐渐进入手表内部,影响手表的机件和走时的质量。

不过,这还只是次要的一方面,更为主要的是戴手表睡觉会危害到我们自身的健康。手表,尤其是夜光手表,它的表针和刻度盘上的发光材料是由镭和硫化锌混合制成的,而这是两种对我们人体非常有害的物质,镭会放出射线,这种射线可以激发硫化锌晶体发光。如果我们戴着手表睡觉,身体就会在睡觉中连续受到 8~9 小时的镭辐射,对身体健康不利。

孩子不宜睡在大人中间

不少家庭在晚上睡觉时,为了防止孩子跌落到床下,总喜欢把孩子放在父母中间睡,其实这种睡眠方式不利于孩子的健康。

在人体中,耗氧量最大的是脑组织。一般情况下,成人脑组织的耗氧量占全身耗氧量的 1/5 左右。孩子越小,脑耗氧量所占的比例就越大,婴幼儿可达 1/2。孩子睡在父母中间,虽然不会摔下去,但父母排出的"废气"双管齐下,会使孩子的头面部处于一个供氧不足的小环境里，这样会使婴孩出现睡不稳、做噩梦或者半夜哭闹等现象，对孩子的正常生长发育造成不利影响。

最好的办法是让孩子与父母分床睡，这样有利于子女的心智健康。

分段睡眠效果好

人的睡眠是有节律的，在睡眠进行过程中，深睡眠和浅睡眠是交替反复进行的，直到清醒。睡眠的前半段多为深睡眠，后半段多为浅睡眠。人在长时间睡眠的情况下，深睡眠不会增加，只是浅睡眠的时间延长了。很快能进入深睡眠的人，即使浅睡眠的时间相对少一些，也不会影响到精神状态；相反，如果只是延长了浅睡眠时间，睡眠质量并未改善，起来后依然会有疲劳和倦怠的感觉。

有人提出了这样的设想，既然开始的睡眠比较深沉，那么，为什么不将一天的睡眠分多次进行呢？实际上，很多人已经把这个方法付诸实施了，而且效果良好。比如可以将睡眠分为中午一次，晚上一次。

对我们每个人来说，睡眠都是必不可少的，因为睡眠可以为大脑补充能量。另外，我们在进行思维、感觉、反应等的过程中，将脑细胞中存储的大量关键能量消耗掉了，而补充的主要方式，就是通过酣畅的熟睡。

研究证明，我们并不能以睡眠时间的长短来区分睡眠的质量。少眠和多眠因人而异，而且并非是固定不变的，我们大可不必斤斤计较自己睡了多长时间。只有每天保持有规律的作息时间，才是维系健康的根本所在。睡眠不足的人，切不可因此背上沉重的心理负担，其实引发睡眠紊乱的真正原因是心理压力过大。

总体而言，睡眠时间的长短因人而异，只要能消除疲劳和恢复精力，适当减少和增加睡眠时间都是可以的。

睡觉时不要开灯

有些人有开灯睡觉的习惯，可能他们自己觉得这没什么，只是习惯使然。但事实上，这对健康是不利的。

医学科研人员研究证实，人经常开灯睡觉，会抑制人体内褪黑激素的分泌，使人体的各种免疫功能都有所下降。因此医学专家警告大家，开灯睡觉不仅影响人体的免疫功能，还大大提高了患癌症的概率。

人的大脑中有一个叫作松果体的内分泌器官。在夜间，当我们进入睡眠状态时，松果体就会分泌出褪黑激素，这种激素在夜间 11 点至次日凌晨分泌量最为旺盛，而在天亮之后便停止分泌。褪黑激素的分泌可以抑制人体交感神经的兴奋性,使我们的血压下降,心跳速度减慢,从而使心脏得以喘息,增强肌体的免疫力,消除白天工作和学习所带来的身体和大脑疲劳,甚至还能够杀灭癌细胞。

可如果你经常开灯睡觉或挑灯夜战,这种褪黑激素的分泌就会受到抑制,它所发挥的功效就会相应减弱,对人体的保护作用自然就会被削弱,这时人体患病的概率就会有所提高,健康就会受到威胁。国外曾有研究显示,经常开灯睡觉或夜间点灯活动的人的癌症发生率比正常人要高出2倍。因此,为了健康,睡觉时一定要把灯熄掉。

服药后不应立即睡觉

很多人认为人在生病吃药以后应该立即到床上去睡一觉,这样会对身体恢复有利。可实际上,服完药后是不宜立即睡觉的。

由于吃药时喝的水量少,吃完药后马上躺下睡觉,往往会使药物粘在食管上来不及进入胃中。而有些药物的腐蚀性较强,在食管溶解后,会腐蚀食管黏膜,导致食管的溃疡,轻者只是吞咽时感到疼痛,重者可能伤及血管而引起出血。一般来说,医生对此病通过询问病史,结合胃镜检查,可以很快得出明确诊断。常用的治疗方法有服用制酸剂和止痛药,配合流质冷饮食,大约一周即可痊愈。

睡前喝一袋牛奶

睡前喝一袋牛奶,能够使你睡得更香。

牛奶中含有两种催眠物质:一种是色氨酸,能促进大脑神经细胞分泌出使人昏昏欲睡的神经递质——5-羟色胺;另一种是对生理功能具有调节作用的肽类,其中的"类鸦片肽"可以和中枢神经结合,发挥类似鸦片的麻醉、镇痛作用,让人感到全身舒适,有利于解除疲劳并入睡。对于由体虚而导致神经衰弱的人,牛奶的安眠作用更为明显。

睡前泡脚

睡前,用热水泡泡脚,按摩按摩足趾、足心、足背,你会觉得全身犹如一股暖流在穿梭,全身轻松,闭上眼睛就想睡觉。

为什么用热水泡脚就有如此好的效果呢?原来,热水泡脚,同时按摩,能温通经脉,调和气血阴阳,使气机通畅。运用热水泡脚按摩,能加强良性刺激,起到防病治病的效果。如温烫、按摩足心的涌泉穴,就能治疗失眠、头痛、头昏、目眩、咽喉肿痛、失音、便秘、小便不利、小儿惊风、癫狂等症。

那么,怎样泡脚才能使人入睡快、睡得香呢?第一,水要似烫非烫,水量足以浸没足背为度;第二,要用双手搓揉双脚,特别是足趾、足心,使之发热,这样也使双手得到温暖与按摩;第三,时间要在 5 分钟左右,但不能让水冷下来;第四,洗后用毛巾将脚揩干,保暖。

四季泡脚都有好处,而且寒冬其优越性更为明显。每天午睡和晚上就寝前用热水泡泡脚,按摩双足,会使你睡得快而香。

不宜蒙头睡觉

日常生活中,有部分人爱蒙住头睡觉,尤其是在冬天。蒙头睡觉时,由于空气不流通,被窝里的氧气不充足,体内各器官得不到应有的氧气供应,醒来后就会感到头晕、胸闷、乏力、精神不佳。另外,蒙头睡觉还可以诱发做梦,而且常常是一些噩梦,使入眠者夜间睡不安宁,常常从梦中惊醒。所以说,蒙头睡觉是不利于健康的。

夏天不宜光着上身睡觉

炎炎夏日,很多人都愿意光着上身睡觉,尤其是男士们,认为这样会感到更凉快。凉快倒是凉快了,但却很容易对身体造成伤害。

气温升高到28℃至30℃时,人体皮肤水分蒸发会加快,并随着气温的升高而增加。当气温高于皮肤温度时,人就会从外界环境中吸收热量,如果此时光着膀子,皮肤吸收的热量会更多,而皮肤排出的汗水也会迅速流失掉,起不到通过汗液蒸发散热的作用。

夏日里睡觉最好穿上睡衣,这样既可以很好吸汗,同时还可以防止受凉。虽然是夏天,肚子受了凉,也会引起腹泻。因为虽然皮肤上的温度不断变化,以保持身体的恒温,但人体的腹部和胸部的皮肤温度几乎固定不变,所以即使是热得难以入睡的晚上,也常有不少人因受凉发生腹痛、腹泻。

夏夜露宿易致病

夏天夜晚,屋外凉快屋里热。于是,很多人便喜欢在室外睡觉。这样虽然很惬意,但却极容易致病。

上半夜大地积温较高,空气也比较温热,对人体伤害不大。可到了下半夜,温度下降,环境安谧,人也正处于熟睡阶段。此时,人体的各个器官都处于松弛状态,肌体的抵抗力也处于最弱的时段。而地面上的湿气和空中的露水便会侵袭人体,加上凉风习习,皮肤、肌肉、关节、胃肠等都会受到刺激,从而产生一些病理反应,如全身酸软无力,腹部不适或拉肚子等。如果引起呼吸道感染,就会出现咽喉肿痛、咳嗽或发热等症状。身体弱、抵抗力差的人长期露宿,身体受到湿气的侵袭,很容易引发关节炎及其他疾病。因此,夏天最好不要在室外过夜。

不宜关严门窗睡觉

很多人在睡觉的时候,喜欢将门窗紧闭,这样做是不利于身体健康的。

新鲜空气中,氧气占 20.95%,二氧化碳占 0.3%。人在安静时,每分钟吸入 300 毫升氧气,呼出 250 毫升二氧化碳。如果门窗紧闭,室内不通风,特别是房间窄小人又多,就会使室内空气污浊。据测定,在一个 10 平方米的房间里,如果门窗紧闭,让 3 个人在室内看书,3 个小时后,房间内温度上升 1.8℃,二氧化碳增加 3 倍,细菌量增加 2 倍,氨的浓度增加 2 倍,灰尘数量增加近 9 倍,还有 20 余种其他物质。长时间吸入这样的空气,对身体是十分不利的。一整夜近 10 个小时,如果关闭门窗睡觉,室内空气污染的程度就更为严重,对人体健康的不良影响也更大。

开窗睡觉则可以改变这种局面。据实验,一个 80 立方米空间的房间,室内外温差为 15℃,开着窗户 11 分钟,室内空气就可以全部更换一遍。

当然,开窗睡觉时,应注意不要让风直吹身体,更不可让风吹头部;同时在睡觉时,不要打开房间两侧的窗户,以免空气在室内形成对流。

睡觉时不宜开电风扇过久

夏季开着电风扇睡觉,要是吹的时间过长,人体受风的一侧皮肤表面温度下降,表层血管收缩;而未被吹的一侧皮肤表面温度仍然很高,表层血管也是舒张的。这就造成血液循环失常,汗液排泄不均衡,中枢神经也会受到影响。人起床之后,就会感到周身疲劳,出现头痛头晕、全身发紧、腰腿酸痛等症状。另外,凌晨过后,气温降低,如果这个时候还吹着电风扇,极容易使人着凉,引发感冒、腹泻等病症。

因此,夏天睡觉吹电风扇一定要特别小心,不可一直对着身体吹,电风扇要定时,风速也不能太快。

不宜开着电热毯睡觉

电热毯只宜作睡觉前预热被褥之用,而不适合于人入睡后使用。

整夜开着电热毯,不但会使人醒来后感到口干舌燥,还容易患感冒。这是因为,人入睡时,被窝里的理想温度为 33℃~34℃,相对湿度为 50%~60%,在这种"小环境"下,皮肤的大量血管处于收缩状态,血流减慢,使肌体得到必要的休息和调整,如果因电热毯持续加热使被内温度过高,会使皮肤血管扩张,血液循环加快,呼吸变深、变沉,使呼吸道抗御病菌的能力下降。同时,由于被窝与室内温差较大,人起床后一时难以适应,易致感冒。此外,被窝内温度过高往往使人在睡眠中将手脚伸出被外，也很容易受凉感冒。所以，电热毯的正确使用应是在睡觉前 30 分钟接通电源，被褥预热之后应关闭，只要进被窝时不感到骤凉就可以了。

被子的"个人卫生"

我们每天在起床后马上叠被子一直被认为是种"勤快"的好习惯。但是你知道吗？这种看似非常好的习惯却对我们的身体健康不利。如果你每天起床的第一件事就是把被子整整齐齐地叠起来，那么建议你要改掉这个"勤快"的习惯了，因为被子也是要讲究"个人卫生"的。

据科学研究表明，人在睡眠过程中，通过呼吸道排出的像二氧化碳之类的有害化学物质可达 149 种，从皮肤毛孔通过汗液排出的化学物质可达 171 种。据测定，即使是一个健康的人，经过一个晚上的睡眠也会使被子内的污染变得很严重。尤其是在冬、春季节，天气比较寒冷，门窗经常紧闭不开，室内无法得到良好的通风换气，房间内充斥着许多化学污染物质，这些物质对我们的身体有害。

另外，人体在新陈代谢过程中，本身也是一个污染源。睡眠时，人体的组织器官产生大量的代谢废物，体内排出的水分被蒸发，这些都会使被子不同程度地受潮，使人体所排出的化学物质黏附在被子上，很难及时散发。同时人呼出的气体和分布在全身的毛孔排出的很多汗液和气味，也会进入到我们睡眠时直接接触的被子里。如果起床后就马上把被子叠起，这些物质就会被包裹在被子里而无法散发出来，这样不仅会使被子因受到潮湿和化学物质的污染而产生难闻的气味，而且到晚上我们再盖被子时，这些有害物质会再次被我们吸入，对我们的健康造成危害。

心灵悄悄话

每个人可能都会面临以下 5 种时间的"盗贼"：1. 懒惰或抵触，"我就是不喜欢复习"；2. 拖延，"过会儿再做"，或"明天再做"；3. 消磨，"我就是喜欢边看电视边做作业"；4. 白日梦，学习时思想溜号；5. 开小差，表面上在坐着学习，实际上在玩笔、玩手机、偷偷看漫画书。这 5 项都是"惜时"的大敌，我们必须对此加以纠正。

健康生活卫生细节要注意

卫生习惯是孩子生活习惯中极其重要的一个部分,它关系到孩子生活的各个方面。对于保持孩子的健康,树立孩子的小小形象都是必不可少的。儿童应该从小就养成讲卫生、爱清洁的良好习惯。

奇奇的母亲是位医生,因为职业的关系,她特别注意培养女儿的卫生习惯。妈妈跟奇奇说:"要做个讲卫生、爱清洁的孩子,这样别人才会喜欢自己。比如说饭前便后一定要洗手。"

奇奇问:"为什么饭前便后要洗手?"

妈妈告诉她:"因为手每天要碰各种各样的东西,会沾染很多细菌,要是在吃饭前不洗干净,吃饭时吃进肚子里就会长出虫子来,有虫子,就要去医院打针吃药了。"

等她稍大一点,妈妈还进一步告诉她,饭前便后洗手可以预防各种肠道传染病、寄生虫病。

每次奇奇洗手时,妈妈都为她准备好肥皂、擦手毛巾,放在奇奇容易取拿的地方,而且告诉孩子:洗手时要把袖子挽起,以免把衣服搞湿了;洗手时手心手背都要洗。她还耐心地给孩子做示范。

于是,奇奇每天早晨起床后,自己洗脸、洗手。尤其是吃饭前,从来都不用人提醒,自己主动去洗手,打肥皂,把手擦干。奇奇现在已经完全养成了良好的卫生习惯。

当然,良好的卫生习惯不止这些内容,它包括我们日常生活的很多方面,比如不吃手指就是其中之一。

邻家有个可爱的女孩,名叫小晶,是个安静而温顺的小姑娘。可是小晶的妈妈发现十多岁的女儿吃手指!那天,妈妈叫女儿做事的时候,偶然发现小晶的手指刚刚从嘴边移开。

　　小晶小的时候，曾经吮手指入睡，但终于被"扳"过来，后来也曾看到女儿的手搁在嘴边，好像在啃"肉刺"，并未引起妈妈的注意。谁还没有一些小动作呢？但这次孩子的动作有些慌乱，反倒让妈妈注意到她的手。只见左手的中指被吮得发红，其余几个指头有的已经破了皮，露出鲜红的嫩肉来。难道孩子这么大了还保留儿时的习惯？妈妈很是不解。

　　实际上，在儿童少年的行为问题中，吮指现象时有发生。从心理学角度解释吮指现象，认为这种现象与孩子情绪焦虑有关。

　　在婴儿期，手作为人体活动最自如、最容易接触的部位，很容易成为孩子发泄情绪的"工具"。

　　孩子最初吮指是在"玩"，这一动作可以使他缓解饥饿感、减轻焦虑感，获得心理快感。固定地吮指常伴随有一定的心理诱因，如果孩子第一次遭遇心理应急时以吮指的方式得到缓解，那么就会在日后同类情况下沿用此法，渐渐地作为一种行为模式固定下来。

　　但是你知道吗，如果不注意这些小的卫生细节，会带来很严重的后果。2003 年轰动全世界的 SARS 病毒，就是通过人们唾液中的飞沫在空气中传播的，它使许多人葬送生命，但至今仍有一些人还在充当着疾病传播者的角色，他们并没有意识到不讲卫生对自己以及他人有多大的危害。

　　学校的卫生环境，是学校精神文明建设的窗口，也是学校师生素质高低的综合反映。但由于有些同学还存在一些不良的卫生习惯，经常给校园文明带来不良的影响。

　　那么如何养成良好的卫生习惯呢？至少应该做到以下几点：

　　第一，不在校门口的小卖部、小摊贩处买零食。我们一定要注意，买零食不要在那些无卫生证的商店里买，而应到大商场或超市里选购，并学会认识商标、生产日期，这样才能保证我们身体的健康。

　　第二，要养成不随地吐痰的习惯。如果因为感冒克服不了的，应该准备卫生纸，吐在纸上，再扔进垃圾桶。

　　第三，要努力克服随手乱丢废物的坏习惯，要把废纸、果皮、包装袋扔进垃圾桶中，特别要杜绝从楼上往楼下扔东西的不道德行为。在卫生保洁或值日时，无论走再远的路，都要把垃圾及时倒进垃圾容器中，切不可乱倒。

　　第四，要养成随手捡拾地面上废弃物的习惯，从我做起，共同维护学校环境的整洁。

第五,每个人都要保证做到不把包装袋带进校园,从根本上杜绝乱扔乱丢现象。

第六,为了更好地保障我们身体的健康,回家后先要认真地洗洗手,才能触摸家里的东西。特别是摸完钱后一定要洗手,因为钱在很多人之间传来传去,是最脏的东西。

为了让疾病在人类这个大家庭中消失,为了我们有一个美好的生活环境,让我们从小就养成良好的卫生习惯吧!

家长们帮助孩子养成良好的卫生习惯,应注意以下几点:

1. 洗手、洗脸

要让孩子养成早晚洗手洗脸,外出回家、吃东西前洗手的习惯。还要教育孩子饭前、便后主动洗手,弄脏手、脸后要随时洗净。

2. 刷牙、漱口

应教会孩子刷牙时顺着牙缝上下刷,由外侧到内侧。这样才能刷掉残留在牙缝中的食物,保护牙齿,预防龋齿。要让孩子知道不刷牙的后果,牙齿蛀了就要接受牙医治疗,由医生来处理。牙医会告诉他保养牙齿的重要性及方法,而且令他从拔牙、补牙、洗牙或吃药打针上得到教训。

3. 洗澡、洗脚

大多数孩子都比较喜欢洗澡,孩子不习惯时,可先让其拍水,待熟悉后再下水。大人帮助其洗澡时,动作应轻柔、敏捷,注意不要把肥皂沫弄到孩子的眼、鼻、耳中,水温要适宜。三四岁的孩子应学会让其在洗澡时,自己用毛巾或手擦前胸、胳膊、腿。

睡觉前养成洗脚的习惯。四五岁的孩子就应在大人的帮助下洗脚了。教孩子把脚趾、脚跟部洗到,洗完后擦干,夏天应天天洗澡、换衣,其他季节也应定期洗澡、洗头,勤换内衣裤。

如果孩子不爱洗澡,那么结果自然是气味难闻,别人必须远离他。家长可以表示,自己无法忍受这种气味,可以拒绝与他同桌吃饭或坐在一起。此外,不洗澡身体会发痒,尤其到了夏天,不常洗澡容易皮肤瘙痒、生疮,让孩子知道自己行为的结果,必须要注意个人卫生。

4. 提醒孩子勤理发,勤剪指(趾)甲

孩子的头发以整洁、大方为宜。指甲长了,藏污纳垢,很不卫生,也容易抓伤皮肤,应定期给孩子修剪,大些的孩子家长应教会其自己修剪。但不宜剪得

太短,以免孩子用手时磨伤指头,引起疼痛。

5.擦鼻涕

大人给孩子擦鼻涕时,动作要轻,以免引起孩子的反感。一岁半的孩子家长应提醒他用手帕擦鼻涕。二三岁的孩子就应自己学会随时用手帕擦鼻涕。

心灵悄悄话

不正视别人通常意味着:在你旁边我感到很自卑;我感到不如你;我怕你。躲避别人的眼神意味着:我有罪恶感;我做了或想到了什么我不希望你知道的事;我怕一接触你的眼神,你就会看穿我。这是一些不好的信息。

第九篇

行走世间的拒绝细节

　　行走于世间，接纳或拒绝，爱或不爱，放弃或执着……每个人都应有接纳与宽容之心，但也要学会拒绝。

　　生活中，一条充满诱惑的大路在脚下延伸着，只有学会拒绝才不会步入歧途。学会拒绝，为我们的心灵守候一片净土；学会拒绝，为我们的生活擦亮美好的明天。在这个文明高速发展的时代里，学会拒绝是我们每个人在这个社会上必备的良药。学会拒绝不义之财，学会拒绝懒惰享受，学会拒绝嗟来之食，学会拒绝骚扰侵害……

给自己多点时间考虑问题

在交际中你必须知道：当亲友或上司委托你做某事时，请你一定不要不假思索地满口应承。倘若一时碍于情面即刻接受自己根本无法做到或不愿做的事情，一旦失败了，同事、亲友、上司就不会考虑到你当初的热忱，只会以这次失败的结果来评价你。

某教师分配到某中学工作，市教委向该校抽人，对全市的中学实地考察，并写出调查报告。因这位教师还没有安排授课，就抽了他一个。起初，他感觉为难，认为自己刚刚走出校门，不仅对本市教学情况不熟悉，就是对教育工作本身也知之甚少。他本不想参加，无奈校长已经开口，想要推掉实在不好拒绝，只好勉强服从。

一个半月过去了，别人都按分工交了调查报告，唯有他一个，由于不谙世故，又缺乏经验，对自己分工调查的3个中学连情况都没摸准，更不用说分析了。市教委主任为此很恼火，责备校长，怎么推荐这么一个人。这位教师面子受不了，又是气又是羞愧，一下子病倒了，在床上躺了两个星期。

这位教师由于当初不好意思拒绝，或者害怕因拒绝会引起上司不高兴而接受下来，由此，他的处境我们可以想象。所以，无论做什么，都要量体裁衣，遇到自己感到难以做到的事，要鼓起勇气，说声："对不起，我实在无能为力，您是否可以另找别人？"或者"实在抱歉，我水平有限，只能让您失望了。我想，如果我硬撑着答应，将来误了事，那才对不起您呢。"

也许你会质疑："拒绝别人说来容易，实际要做的时候却很难。"拒绝别人的要求是件不容易的事。特别是当别人央求你，你又不得不拒绝的话，更是叫人头痛，因为每个人都有自尊心，都希望得到别人的重视，同时也不希望别人不愉快，因而，也就难以说出拒绝的话了。不过，当你经过深思熟虑，知道答应对方的要求将会给你或他带来伤害时，那么，就应该拒绝，千万不要为了面子

问题,做出违心的事来,结果对双方都无好处。

对于别人的恳求,你可以用一种肯定的表达方式:"我需要考虑一番,但很快就会给你答复。"这时,你就需要考虑这件事自己能不能办得到、办得好。把自己的能力与事情的难易程度以及客观条件结合起来统筹考虑,然后再做决定。

三思而后行,让自己有充分的时间去做出正确的决策。在你未准备妥当之前,不要立即答复"不"或"好"。

心灵悄悄话

> 从某种意义上说,抓小事,就是抓大事;做好每一件小事,也就能做成大事。大事都是由小事构成的,"合抱之木,生于毫末。九层之台,起于垒土",即使让你修建万里长城,也得一块砖一块砖地垒,不把小事放在眼里,又如何会来成功的大事呢?

拒绝与同情并存

日常中,我们经常会遇到这样的情况,对方提出的要求并不是不合理,但因条件的限制无法予以满足。在这种情况下,拒绝的言辞可采用"以情动人"的形式,使其精神上得到一些宽慰,以减少因遭拒绝而产生的不愉快。

李刚和王静是大学同学,李刚这几年做生意虽说挣了些钱,但也有不少的外债。两人毕业后一直没有来往,一天,王静突然向李刚提出借钱的请求,李刚很犯难,借吧,怕担风险;不借吧,同学一场,又不好拒绝。思忖再三,最后李刚说:"你在困难时找到我,是信任我、瞧得起我,但不巧的是我刚刚买了房子,手头一时没有积蓄,你先等几天,等我过几天账结回来,一定借给你。"

有的时候对方可能因为有急事而相求,但是你确实又没有时间、没有办法帮助他的时候,一定要考虑到对方的实际情况和他当时的心情,要避免造成误会,使对方恼羞成怒。

拒绝还可以从感情上先表示同情,然后再表明无能为力。

黄女士在民航售票处担任售票工作,由于经济的发展,乘坐飞机的旅客与日俱增,黄女士时常要拒绝很多旅客的订票要求,黄女士每每总是带着非常同情的心情对旅客说:"我知道你们非常需要坐飞机,从感情上说我也十分愿意为你们效劳,使你们如愿以偿,但票已订完了,实在无能为力。欢迎你们下次再来乘坐我们的飞机。"黄女士的一番话,叫旅客再也提不出意见来。

以情动人这种方法也可以说成是一种"以柔克刚"的方法,这也是一种力求避免正面冲突,而采用间接拒绝他人的方法。先用肯定的口气去赞赏别人的一些想法和要求,然后再来表达你必须拒绝的原因,这样你就不会直接地去伤害对方的感情和积极性了,还能够使对方更容易接受你,同时也为自己留下一条退路。

　　一般情况来说，你还可以采用下面一些话来表达你的意见，"这真的是一个好主意，只可惜由于……我们不能马上采用它，等情况好了再说吧！""这个主意太好了，但是如果只从眼下的这些条件来看，我们必须要放弃它，我想我们以后肯定能够用到它。""我知道你是一个体谅朋友的人，你如果对我不十分信任，认为我没有能力做好这件事，那么你是不会找我的，但是我实在忙不过来了，下次如果有什么事情我一定会尽我的全力来支持你。"等等。

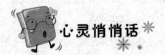

心灵悄悄话

　　语言是思想交流的工具，它千变万化，要驾驭它的确需要艺术。谢绝人家的请求，否定人家的意见，往往需要委婉地表达。这样既能使对方接受你的意见，又不致伤害对方的自尊心。

温和地说"不"

　　在社会交际活动中，有些人觉得说"不"会伤害对方的面子，就随便找些不值一驳的理由来暂时搪塞对方，以求得一时的解脱，然而这个方法并不好，因为对方可以找理由跟你纠缠下去，直到你答应为止。

　　比如，你不想答应帮他洗衣服，便推说：

　　"今天没有时间。"

　　他就会说：

　　"没有关系，你明天再帮我洗好了。"

　　又如你不想要对方转让给你的一台旧电脑，你推说：

　　"现在没有钱。"

　　那么对方会说：

　　"钱以后再说好了，什么时候有了再给，我也不急用。"

　　或者你不愿意跟对方约会，推说：

　　"我有男朋友了。"

　　那么他一定会说：

　　"没关系，多我一个不是更好吗？你可以有更多的选择余地啊！"

　　就因为你的理由不强硬、不充分，所以一经对方反驳，你就招架不住，"不"的意志便很难贯彻了，所以对付这种情况，你倒不如直截了当地用较单纯的理由明确地告诉对方：

　　"我没有时间帮你洗衣服，请原谅。"

　　"我刚买了一台电脑，很抱歉。"

　　"我已经有了未婚夫，不能再接受你的感情，对不起。"等等。

　　这样拒绝虽说显得生硬些，但理由单纯明快，不使对方有机可乘，就可以彻底免除后患。

　　不过，当你拒绝对方的请求时，切记不要咬牙切齿、绷着一张脸，而应该带着友善的表情来说"不"，才不会伤了彼此的和气。

30岁出头就当上了20世纪福克斯电影公司董事长的雪莉·茜,是好莱坞第一位主持一家大制片公司的女士。为什么她有如此能耐呢?主要原因是,她言出必行,办事果断,经常是在握手言谈之间就拍板定案了。

好莱坞经理人欧文·保罗·拉札谈到雪莉时,认为与她一起工作过的人,都非常地敬佩她。欧文表示,每当她请雪莉看一个电影脚本时,她总是马上就看,很快就给答复。不过好莱坞有很多人,给他看个脚本就不这样了,若是他不喜欢的话,根本就不回话,而让你傻等。

通常一般人十之八九都是以沉默来回答,但是雪莉看了给她送去的脚本,都会有一个明确的回答,即使是她说"不"的时候,也还是把你当成朋友来对待。这么多年以来,好莱坞作家最喜欢的人就是她。

可见,**以温和的态度拒绝别人,既能表达自己的想法、意见,又不伤害对方的自尊心**。所以,日常生活中,我们果断拒绝别人的请求时,也应保持温和的态度和友善的表情。

心灵悄悄话

否定和拒绝的艺术有一条原则,就是在不误解意思的情况下,尽量少用生硬的否定词,把话说得委婉一点。应该知道委婉并不是虚伪。在非原则性问题上,我们要使对方能听出弦外之音,彼此和和气气,何乐而不为呢?

幽默拒绝不尴尬

拒绝的话一向不好说，说不好就很容易得罪人。因此拒绝他人时，要讲究策略，最重要的一点就是含蓄委婉。而幽默地拒绝正是能巧妙地体现这一点。用幽默的方式拒绝别人，有时可以故作神秘、深沉，然后突然点破，让对方在毫无准备的大笑中失望。

有一位"妻管严"，被老婆命令周末大扫除。正好几个同事约他去钓鱼，他只好回答："其实我是个钓鱼迷，很想去的。可成家以后，周末就经常被没收了啊！"同事们哈哈大笑，也就不再勉强他了。

有时候拒绝的话像是含糊其词，但因为它是用幽默的方式表达出来的，所以也就在起到拒绝目的的同时，让别人很愉快地接受了。

现代文学大师钱钟书先生，是个自甘寂寞的人。居家耕读，闭门谢客，最怕被人宣传，尤其不愿在报刊、电视中扬名露面。他的《围城》再版以后，又拍成了电视，在国内外引起轰动。不少新闻机构的记者，都想约见采访他，均被钱老执意谢绝了。一天，一位英国女士，看了小说之后，非常想见钱老，好不容易打通了他家的电话，恳请让她登门拜见钱老。钱老一再婉言谢绝没有效果，他就妙语惊人地对英国女士说："你看了《围城》，就好比吃了一只鸡蛋，虽然觉得不错，但何必要认识那个下蛋的母鸡呢？"洋女士终被说服了。

钱先生的问话，首句语义明确，后续两句："吃了一只鸡蛋觉得不错"和"何必要认识那个下蛋的母鸡呢"虽是借喻，但从语义效果上看，却是达到了一举多得的奇效：其一，这句话是语义宽泛、富有弹性的模糊语言，给听话人以仔细思考的伸缩余地；其二，与外宾女士交际中，不宜直接明拒，采用宽泛含蓄的语言，尤显得有礼有节；其三，更反映了钱先生超脱盛名之累、自比"母鸡"的这种

第九篇 行走世间的拒绝细节

谦逊淳朴的人格之美。一言既出,不仅无懈可击,且又引人领悟话语中的深意,格外令人敬仰钱老的大家风范。

此外,还可以用假设的方法,虚拟出一个可能的结果,从而产生一个幽默的后果,而这个后果正好是你拒绝的理由。这样,不仅不会引起不快,反而可能给对方一定的启发。

一位演技很好、姿色出众但学历不高的女演员,对萧伯纳的才华早就敬而仰之。她平时生活在众星捧月的环境中,多少有一些高傲,总以为自己应该嫁给天下最优秀的男人。某次宴会中,她和萧伯纳相遇了,她自信十足,以最迷人的音调向萧伯纳说:"如果以我的美貌,加上你的天才,生下一个孩子,一定是人类最最优秀的了!"

这位大文豪立刻微微一笑,不疾不徐地回答:"对极了。但是如果这孩子遗传了我的貌和你的才,那将是怎样的呢?"

这位美女演员愣了一下,终于明白了萧伯纳的拒绝之意。她失望地离开了,但她一点也不恨萧伯纳,反而成了他最忠实的读者和好朋友。

 心灵悄悄话 ✳

> 不管对于中国人还是外国人,拒绝别人的话总是不好说出口,但拒绝的话又经常不得不说出口。这时不妨用幽默的方式说出拒绝的话,抹去对方遭到拒绝时的不愉快感。

用话题转移对方注意力

梁晓声是知青出身的著名作家。他创作的《这是一片神奇的土地》《今夜有暴风雪》《京华见闻录》等作品,深受广大读者的喜爱。

一次,英国一家电视台采访梁晓声,现场拍摄电视采访节目。采访记者40多岁,是个老练机智的英国人。采访进行了一段时间后,记者将摄像机停了下来,走到梁晓声面前说:"下一个问题,希望您做到毫不迟疑地用最简短的一两个字,如'是'与'否'来回答。"梁晓声点头认可。遮镜板"啪"的一声响,记者的录音话筒立刻就伸到梁晓声嘴边问:"没有'文化大革命',可能也不会产生你们这一代青年作家,那么'文化大革命'从你看来究竟是好是坏?"

梁晓声一怔,未料到对方的提问竟如此之"刁",分明有"诓"人上当之意。他灵机一动,立即反问:"没有第二次世界大战,就没有以反映第二次世界大战而著名的作家,那么你认为第二次世界大战是好还是坏?"回答如此巧妙! 英国记者不由一怔,摄像机立即停止了拍摄。

在社交场合中,有时会遇到自己不想公开,而别人又偏偏要打听的事;或是自己偶然触及对方的伤痛、忌讳及隐私,出现了尴尬的局面。这时,以周围的环境为媒介,迅速转移话题便是一种普遍有效的应急措施。

1981 年,白宫突然得到里根遇刺的消息后,总统办公厅一片慌乱,不知所措。富有经验的国务卿黑格出来维持局面。黑格曾任美国驻欧洲部队司令,脱下军装后又当上国务卿,一向以果断、稳重而知名。但他听到里根被刺的消息也慌了手脚。

一个记者问黑格:"国务卿先生,总统是否已经中弹?"

黑格回答:"无可奉告。"

记者又问:"目前谁主持白宫的工作?"

　　黑格答道:"根据宪法规定,总统之后是副总统和国务卿,现在副总统不在华盛顿,由我来主持工作。"

　　这一回答引起了轩然大波,记者们议论纷纷。另一个记者马上又问:"国务卿先生,美国宪法是不是修改了?我记得美国宪法上写明总统、副总统之后,是众议院院长和参议院院长,而不是国务卿。"

　　黑格听后明白是自己失言,急中生智反问道:"请问在两院院长后又是谁呢?他们都不在白宫现场,当然由我来主持了。刚才为了节约时间,少说了一句话而已。"

　　几句话便自圆其说为自己解了围,拒绝直接回答作者的提问。

　　所以,如不愿回答别人向你打听的事情时,可用巧妙变换话题的方法,让对方处于被动地位,从而改变意图。

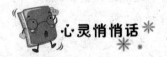
心灵悄悄话

　　这种"顾左右而言他"的办法就是转移话题法。当然,这个新的话题必须和原来的话题有一定联系,还必须能引起提问人的兴趣。否则,会引起对方的疑虑或反感。话题一转移,对方自然不好再问同样的问题。

第十篇

拜访的细节

"礼仪,就是个讲究细节的事情。"生活就是由无数个细节组成的,做好了细节,也就做好了工作,把握好了生活,经营好了人生。

与人交往中, 小节往往更能反映一个人的品德、智慧和气度,更能反映一个人内心深处最本质的一面。

有句古话说得好:不打无准备之仗。在我们日常的拜访中总会遇到这样那样的一些不如意的情况,而这些情况又有很多是我们自己不注意细节所造成的,所以在拜访中要注意一些细节。

打好招呼再拜访

当我们经过关系很好的同事家附近时,有时会想顺便去拜访一下。而此时不事先联系就直接上门访问,是很失礼的。必须先打电话,询问对方自己能不能去拜访,对方是否方便。

连电话也不打就直接前去拜访,要是遇到对方正好在接待客人,恐怕对方和这位客人都会感到不自在吧? 因此,突然前去拜访,会为对方带来麻烦。

此时,绝不能因为"我只待几分钟就回去"或"只在门口稍作寒暄",而由自己随意作出决定。对方或许请你进去,或许会为你张罗饭菜。但对方越是对你极尽地主之谊,越是会使你增加精神负担。

最好的解决方法是,无论在何种情形下,前去拜访都必须事先约好。

步入中学后,小威并没有忘记小学时的班主任马老师。小威还清楚地记得以前自己成绩下降时,马老师特别着急,经常给他补课。小威生病了,她也嘘寒问暖,关怀备至。小威考入重点中学,其中也包含着老师的心血啊!

教师节快要来了,小威决定去母校拜访一下马老师,祝她节日快乐。

妈妈知道了,忙提醒小威:"你想去拜访老师,老师肯定很高兴,但是不能冒冒失失地去,要是赶上老师有事情,你去了肯定会让老师为难,所以,去之前先打个电话跟老师约一下。"

"妈妈说得很有道理,不能给老师添麻烦啊!"于是,小威拨通了老师的电话,"喂,马老师,您好! 我是您的学生小威。"

听到小威的声音,马老师显然很高兴,她关心地问小威是否习惯新学校,学习成绩怎么样,和同学相处得好不好。

老师的声音还像以前那样热情和温和,小威见老师还那么关心自己,更加想念老师了。

"马老师,教师节就快到了,我很想去看看您呢!"小威感觉老师亲切得像妈妈一样,他的话音里满是喜悦。

马老师高兴地说:"当然好啊!"

"那马老师,我9月8日下午没课,两点半钟来看您,您看好吗?"小威征求马老师的意见。

"可以啊,只是两点半我还在上课。三点半怎么样?"

"嗯,好的。"小威说。

无论是公事还是私事,没有预约就突然访问,不但容易让自己扑个空,还很容易给对方造成麻烦。所以应尽量预约,而不要做"不速之客"。

在有关做客的诸项礼仪中,给所要拜访之家的主人打个电话、通个气儿就是首要的要求。一般说来,应做到以下几点:

(1)尽管对方说:"请有空来玩。"但是不事先联系就登门拜访也是违反礼仪的。

(2)提前预约,能让主人事先打扫房间,准备接待客人。

(3)拜访的时候,一般要提前2~3天打电话预约。即便是顺便来访,想临时见面,也要用电话联系,确认对方是否方便。

(4)去别人家里拜访时,必须注意时间,特别是留意吃饭时间。早上的访问应在11点之前结束。如果太早,就会和早餐发生冲突;如果太晚,又会涉及吃午饭的问题。如果临近中午,最好应选在10点半至11点之间。超过11点半的访问,是绝对应当避免的。在此时访问,好像摆明了要对方为自己准备午饭似的。

与傍晚时一样,过了5点,一般家庭都会开始准备晚饭。最迟应在下午4点左右访问,并在5点之前离去。

(5)万一中途发生意想不到的事情时,预料将会延迟抵达或必须取消会面,应尽早与对方取得联系,以便重新约定见面时间,并且对于这一变故让对方尽早作出调整。

心灵悄悄话 ✳

在我们日常的拜访中总会遇到这样那样的一些不如意的情况,而这些情况又有很多是我们自己不注意细节所造成的,所以在拜访中要注意一些细节。

第十篇　拜访的细节

严守预约的拜访时间

现代人对于时间的安排，已经到了分秒必争的地步。区区 5 分钟、10 分钟，对你来说也许不算什么，却可能造成对方的严重困扰。例如，工作中断，或在那之后的行程无法连贯。因此，在拜访他人时，应严格遵守和对方约好的时间、地点。

德国哲学家康德是一个十分守时的人，他认为无论是对老朋友还是对陌生人，守时都是一种美德，代表着礼貌和信誉。

1779 年，他想去一个名叫珀芬的小镇拜访他的一位老朋友威廉先生。于是，他写了信给威廉，说自己将会在 5 月 5 日上午 11 点钟之前到达那里。威廉回信表示热烈欢迎。

康德 5 月 4 日就到达了珀芬小镇，为了能够在约定的时间到达威廉先生那里，他第二天一早就租了一辆马车赶往威廉先生的家。威廉先生住在一个离小镇十几英里远的农场里，而小镇和农场之间，隔着一条河，康德需要从桥上穿过去。但马车来到河边时，车夫停了下来，对车上的康德说："先生，对不起，我们过不了河了，桥坏了，再往前走很危险。"

康德只好从马车上下来，看看从中间断裂的桥，他知道确实不能走了。此时正是初春时节，河虽然不宽，但河水很深。康德看看时间，已经 10 点多了，他焦急地问："附近还有没有别的桥？"车夫回答："有，先生。在上游还有一座桥，离这里大概有 6 英里。"康德问："如果我们从那座桥上过去，以平常的速度多长时间能够到达农场？""最快也得 40 分钟。"车夫回答。这样康德先生就赶不上约好的时间了。

面对这种情况，康德知道他的老朋友一定还在等待着他，他必须信守自己的承诺。于是，他急忙跑到附近一座破旧的农舍旁边，对主人说："请问您这间房子肯不肯出售？"主人听了他的话，很吃惊地说："我的房子又破又旧，而且地段也不好，你买这座房子干什么？""您不用管我有什么用，您只要告诉我您愿

≫ 179

不愿意卖?""当然愿意,200法郎就可以。"

康德先生毫不犹豫地付了钱,对主人说:"如果您能够从房子上拆一些木头,在20分钟内修好这座桥,我就把房子还给您。"主人再次感到吃惊,但还是把自己的儿子叫来,及时修好了那座桥。

马车终于平安地过了桥。10点50分的时候,康德准时来到了老朋友威廉的房门前。一直等候在门口的老朋友看到康德,大笑着说:"亲爱的朋友,你还像原来一样准时啊。"

康德和老朋友度过了一段快乐的时光,他对自己为了履行诺言准时赶到,而买下房子、拆下木头修桥的过程却丝毫没有提及。后来,威廉先生还是从那座房子的主人那里知道了这件事,他专门写信给康德说:老朋友之间的约会大可不必如此煞费苦心,即使晚一些也是可以原谅的,更何况是遇到了意外呢?但是康德却坚持认为守时是应该的,不管是对老朋友还是对陌生人。

一个人守时,是言而有信、尊重他人的表现。

有的人因工作忙,接待客人的时间都受到限制,最多谈话不超过3分钟,对于这样的人来说时间就是生命。你如果在应约的时间没到,你就失去了这次交往的机会,并且可能永远失去了和这个人交往的机会,你没到,别人却在等你,这种等待是不公平的,是浪费别人的生命。假如你因急事或意外事故不能按预约的时间到达目的地,你应该打电话告诉别人,或发短信留言。为了不影响别人的工作或其他安排,在约定时间时也可采用弹性时间,比如说下午3点半到4点之间,这样被约者也可安排一些放松性的活动。总之,在交往中守时是一个人品格和作风的一种体现。一个不守时的人给人留下的印象是不可靠,仅此一点,你也就失去了与人建立深入交往的基础。**一个人守时是言而有信、尊重他人的表现。**

心灵悄悄话

> 守时,也就是守住信誉。一个遵守约定时间,准时到达的人,必定是个言而有信的人。由此,也会赢得更多的信任与尊重。

重要的敲门礼

做客拜访是日常生活中最常见的交际形式,但大多数人在拜访时都忽略一个细节:敲门礼。

这是个美丽的星期天,阳光明媚,鲜花开满了山坡,阵阵芬芳迎面扑来。小鸭、小狗和小猪手拉着手,蹦蹦跳跳地来到了小鸡家的门前。原来今天是小鸡的生日,三个小伙伴一起给小鸡过生日来了。

"小鸡家真漂亮,连门都那么好看!"小鸭最先跑到门前,对着小鸡家的门一阵猛踢,一边踢还一边用粗粗的大嗓门喊着:"小鸡! 小鸡! 我们来啦! 快给我们开门啊!"

可是,半天了,门纹丝不动。

小鸭心想:难道是小鸡不在家? 它挠了挠头,后退着走开了。

"去! 看我的,你的动作太粗鲁、太野蛮了。"小猪摇着短短的小尾巴走上前去,小鸭正想着,小猪会用什么"好办法"呢,原来,小猪的"好办法"就是用它的大鼻子在门上拱来拱去,大耳朵还不停地扇啊扇的。

"哈哈哈,笑死了! 就你这样小鸡就愿意开门了?"小鸭在一边跳着脚直乐!

果然不出它所料,小鸡还是没有开门。

小猪懊恼地退了回来,还不忘瞪了一眼正在大笑的小鸭。

再一看,漂亮的门上满是小猪拱门时留下的口水,虽然拱门的声音比起踢门小了很多,但同样没有让主人愿意打开门。

轮到小狗了,只见,小狗不慌不忙地走到门前,轻轻地敲了三声,然后响亮地问:"你好,有人在家吗?"

里面传来了小鸡的声音:"谁呀?"

"我是你的好朋友小狗啊,我给你过生日来了!"小狗说。

"快请进! 快请进!"小鸡打开门让小狗进去了。

小鸭和小猪都明白了，于是，它们都学着小狗的样子，轻轻地敲响了门。就这样，小鸭和小猪也得到了小鸡的欢迎，被请进了屋。

拜访别人，一定要掌握敲门的礼仪，这是一个人学识、修养和风度的集中表现。一个把门拍得震天响，或者不经允许就直接进屋的人不但非常不礼貌，还会因此受到别人的排斥，所以，千万不要忽略了"敲门"。

那么，敲门有何讲究呢？

（1）最有绅士派头的做法是敲三下，隔一小会儿，再敲几下。

（2）敲门的响度要适中，太轻了别人听不见，太响了别人会反感。

（3）敲门时不能用拳捶，不能用脚踢，不要乱敲一气，若房间里面是老年人，会吓到他们。

（4）若是拜访住单元楼房的人家，在敲门的同时，喊一下被访者的名字更好。

（5）如果主人家的门虚掩着，也应当先敲门，得到主人的允许才能进入。

（6）现代家庭大都安装了门铃，按门铃时也要有礼貌，慢慢地按一下，隔一会儿再按一下。千万别乱按一气，弄不好把人家的门铃按坏了。

（7）当敲过几次门而没人来开时，应想到被访者家中可能无人，所以就不要再敲了。

（8）假如敲错门，应马上礼貌地向对方道歉，说声"对不起"，切忌一声不吭、毫无表示地扭头就走。

 心灵悄悄话

　　敲门是有学问的：敲一下，过一会儿再敲一下，表示自己是陌生人，有怕打扰主人的意思。敲两下，表示自己与主人比较熟悉，相当于说"你好"，有"我可以进来吗"的意思。如果敲三下，表示自己与主人很熟悉，相当于问"有人吗？"如果敲四下以上，就是很不礼貌的了。

探望病人话题要轻松

　　探视病人是我们每个人在日常生活中都会遇到的情况，如果探视时说话不当，则会带来不好的影响。例如，有一位青年去探望久病的舅母时，关切地询问她："您饭量可好？"谁知一句问候话，却引来病人满面愁容。她忧心忡忡地说："唉，不要谈它了！"弄得这位青年十分尴尬，只讷讷地说几句安慰话后，不欢而别。原来，他舅母病势沉重，而最苦恼的就是吃不下饭。他问到的正是病人日夜忧虑的问题，顿时勾起病人的烦恼，以致谈话气氛极不愉快。可见，探视病人时还要注意谈话内容和技巧。那么，该如何做呢？

　　探望身患重病的不幸者，不必过多谈论病情，谈话不要触到病人最难受的病处，以免病人心烦。如果对方本来就背着沉重的精神包袱，你就不能大吃一惊地问："您的脸色怎么这样难看？"而要说："这儿医疗条件好，您的病一定会很快好转的。"

　　探望时较好的谈话方式是：先简要问问病情，然后多谈一谈社会上生动有趣的新闻，以转移对方的注意力，减轻精神负担。久居病室，这种新消息正是他渴望知道的。如能尽量多谈点与对方有关的喜事、好消息，使他精神愉快、心情舒畅，则更有利于他早日康复。

　　尽量多谈一些使病人感到愉快、宽慰的事情。**安慰病人，目的是让他精神放松，早日恢复健康，所以，绝不能把有可能增加其忧虑和不安的消息带去，还要避免谈论可能刺激对方或对方忌讳的话题。**然而一般来说，病人总要对探病者讲讲自己的病情和感觉，这时应该认真聆听，并从中发现一些对病人有利的因素，以便接过话题，对病人进行安慰。例如，病人说过"胃口不错"的话，探望者就可以借题"发挥"，多讲些胃口好对战胜疾病的重要意义，使病人认同这是个有利条件，从而增强战胜疾病的信心。

　　人生病了，从哪个角度去讲都没有积极意义。但是，为了让病人宽心，我们完全可以换个角度，从人生的过程着眼，赋予生病一些价值与意义，使病人觉得自己尽管耗损了身体，耽误了工作，却一样能够收获一些特殊的体验或能力,从而在精神上有一种补偿感。当然,在此之前最好先强调一下病人病情好转,使其具备一个深入思考的心理基础。

例如,某人去看望朋友,他一反惯例,既不问病情也不讲调治方法,而这样安慰道:"看来,你的危险期已经过去,这就好了。今后,你就多了一种免疫功能,比起我们,也就增加了一重屏障,这种病,也许就再也不会打扰你了!"探病者对生病意义的看法颇为独到。他先指出病人的危险期已经过去,让病人稍感安慰,然后再强调生病虽然不是好事,但却使病人具备了别人没有的优势:对此病产生了免疫能力,今后不会再得此病了。病人听他这样一说,心里自然得到了某种补偿,心情也就好多了。

对于身患严重疾病的病人,探望时,不仅应该尊重医嘱,尊重病人家属的意愿,做到守口如瓶,而且在病人面前还要做到若无其事,甚至与之谈笑风生,显得轻松愉快。病人对周围亲友的一举一动一般是十分注意的。所以,要规劝探病者善于控制自己的感情,尤其是在危重病人面前,绝不能流露出自己的悲伤情绪,一定要表现得镇定自若。在向病人告别时,要转达其他亲友对病人的问候和祝愿,并表示自己下一次一定会再来看望,使病人满怀希望和信心。

心灵悄悄话 ✳

探望病人时,神情应该保持轻松和关切,不要显得过于担心,见到病人治疗用的针头、皮管及其他医疗器械,不要表现出惊讶的神态,以避免给病人带来压力。